타파스와 핀초스

한 접시로 즐기는 사계절 스페인의 맛

유혜영 글·그림

타파스와 핀초스

Tapas & Pinchos

design house

일러두기

- 스페인에서는 카스티야어, 바스크어, 카탈루냐어, 갈리시아어, 네 개의 언어를 사용하며 카스티야어를 국가 공용어로 한다. 지방색이 강한 전통 요리는 대부분 각 지역 언어로 불리기 때문에 이 책에는 여러 지방어가 혼재되어 있다.
- 조리법에 표기된 1큰술은 15ml, 1작은술은 5ml, 1컵은 200ml를 기준으로 한다. 한 꼬집은 대략 1~2g 정도다. 파슬리 한 줌은 줄기를 제거한 상태에서 10g 정도이며 다졌을 때 4큰술의 양이 나온다. 완두콩 한 줌은 35g이다.
- 소금, 후추, 올리브유는 기호에 맞게 넣는다.

멈출 수 없는 타파스 사파리

봄, 여름, 가을 그리고 겨울.

사계절을 떠올려 보자! 당신 머릿속에 가장 먼저 떠오르는 이미지는 무엇인가? 누군가의 머릿속에는 색색의 꽃과 나무가 가득 한 대자연이나 아름다운 공원이 펼쳐질 것이다. 내게 가장 먼저 떠오르는 이미지는 갖은 제철 과일과 채소가 한 아름 쌓인 시장 풍경이다. 차갑고 마른 땅에 촉촉하게 비가 내리고 봄이 오면 누구의 손길도 닿지 않은 황량한 들판에 파릇파릇한 허브가 지천으로 돋아나는 광경도 떠오른다. 우리 집 작은 마당과 베란다의 상추 텃밭에도 따뜻한 볕처럼 계절이 찾아온다. 아몬드 나무에 수천 개의 작고 하얀 꽃들이 핀다. 여름이면 복숭아, 수박, 멜론 같은 과일 향기와 진한 재스민 꽃향기가 길모퉁이마다 그득하다. 지중해 지역에 가을이 오면 막 수확한 올리브와 포도를 잔뜩 실은 차량이 열매들을 막 쏟아 내고 즙을 내는 과정에서 풍기는 고소하고 시큼한 향기가 진하게 코끝을 자극한다. 그리고 겨울에 다다르면 집 마당에는 가지가 휘어지도록 열매를 맺은 오렌지와 레몬 나무가 담 너머까지 빼꼼히 고개를 내밀고, 노천 시장에는 싱싱한 시금치, 알카초파Alcachofa(아티초크), 감귤과 오렌지 향기가 가득하다. 봄, 여름, 가을 그리고 겨울! 생각만 해도 흥이 나서 콧노래가 나온다. 지난여름부터 십 대에 들어선 우리 집 아이는 스스로 먹고 싶은 간단한 음식을 요리하기 시작했다. 이제는 제법 요령도 생겨 맛있는 것을 스스로 만들어 먹는 것을 즐기는 수준에 다다랐다. 재밌는 것은 요리하거나 맛있는 걸 먹을 때면 콧노래를 부르는데, 분명 나의 유전자가 전해 준 습관이다. 최근에는 스테이크를 미디엄 레어로 기가 막히게 굽는다. 빵과 멕시코 토르티야를 굽는 것에 푹 빠져 있어 요사이 며칠 동안 타코만 먹었다. 나와 아이에게 먹거리와 요리는 하루를 살아가는 맛있는 동력이며 삶의 에너지 근원이 분명하다.

오랜만에 먹거리 이야기를 쓴다. 스페인 먹거리 이야기다. 스페인에서 25년을 넘게 사는 동안 스페인의 먹거리를 찾아 도시의 맛집을 누비고 타파스와 핀초스를 '사냥'하며 쌓은 노하우와 조리법을 담은 요리책이다. 전통 스페인 음식 맛을 내기 위한 몇 가지 소스와 향신료를 정복한다면 된장과 간장으로 우리네 음식 맛을 내듯 손쉽게 만들어 먹을 수 있는 간단한 조리법을 주로 선택했다. 2013년 스페인 음식과 문화를 함께 소개하는 책《스페인 타파스 사파리》를 썼는데 아직도 먹거리에 관한 이야기가 남아 있다는 것이 마냥 신기하다. 나의 타파스 사파리는 한 번도 멈춘 적이 없다. 인류는 살아 숨 쉬는 동안 수 세기를 이어 온 음식들을 세상의 변화와 흐름에 맞춰 끊임없이 새로운 조리법으로 만들어 내니 절대 멈출 수 없었을지도 모른다.

그래서 다시, '이렇게 맛난 음식들을 어떻게 하면 스페인 음식을 잘 모르는 독자에게 소개할 수 있을까?'라는 고민을 시작했다. 요리사도 아니면서 감히 요리책 같은, 여행가도 아니면서 여행서 같은, 전문 작가도 아니면서 에세이 같은, 쌀과 고기, 해산물, 채소를 모두 몽땅 넣고 조리한 파에야 같은 책을 썼다.

나의 야무진 목표는, 이 책을 펼친 여러분이 한국에서도 손쉽게 구할 수 있는 재료로 스페인 타파스와 핀초스를 뚝딱 만들 수 있도록 돕는 것이다. 예를 들면 만들기 쉬우면서도 맛난 음식이 먹고 싶을 때 일상적으로 먹던 샌드위치를 핀초스로 대신하거나, 집에 손님이 갑자기 찾아와도 냉장고에 있는 감자와 달걀 같은 재료를 사용해 근사하고 푸짐한 타파스를 만들 수 있도록 말이다.

더불어 당신이 스페인을 방문한다면 이 책 한 권을 손에 들고 정말 제대로 된 맛집에서 타파스와 핀초스를 마음껏 탐하고, 신나게 먹고 즐기는 경험을 하기를 바란다. 이 책은 언어와 문화의 장

벽을 훌쩍 뛰어넘어 스페인 어느 도시에서든 자신 있게 먹고 싶은 요리를 주문할 수 있도록 돕는 안내서이기도 하니까.

《스페인 타파스 사파리》에 이미 썼지만, 다시 말하겠다. 이 책은 요리책도, 여행서도, 에세이도 아니지만 그 모든 것이 될 수도 있다.

자유롭고 친근한 스페인의 맛

타파스는 스페인 대부분의 지역에서 음료와 함께 제공되거나 곁들여 먹는 전채, 카나페 또는 핑거푸드 형태의 음식으로 작은 접시에 담아낸다. 일반적으로 타파스 바에서 주류를 주문할 때 일종의 서비스처럼 무료로 제공되었지만 더 이상 어디에서든 공짜로 내주지 않는다. 이런저런 이유로 타파스를 술에 끼워 주던 아름다운 시대는 막을 내리고 있다. 하지만 조리법이 발전하면서 그만큼 정성스럽게 만들고 최고급 재료를 사용하니 이를 지켜보는 마음은 즐겁기만 하다. 최근에는 레스토랑에서 타파스를 고급 요리로 승화시키는 일이 마치 전 세계 요리사들 사이에서 경쟁처럼 시도되고 있다. 타파스가 서서 간단히 먹는 핑거푸드에서 이제는 예약이 필수인 근사하고 유명한 식당에서 앉아 먹는 고급 음식으로 변화하고 발전하고 있다.

　스페인에서는 가족, 친구나 동료와 일과를 마치고, 점심과 저녁 사이 삼삼오오 모여 간식처럼 타파스를 먹는다. 일반적으로 2시에 점심을 먹고 저녁 식사는 9시에 한다. 그러니 간단히 요기를 하지 않으면 배가 고플 수밖에 없다. 스페인에서는 어릴 적부터 다섯 끼를 먹고 자란다. 그렇게 성장한 어른도 아침, 아점, 점심, 간식, 저녁, 이렇게 나누어 먹는다. 나도 아이를 낳은 후부터 아이 음식을 챙겨 주다 매일 다섯 끼를 간단히 먹기 시작했는데 양 조절만 가능하면 훨씬 건강에 좋은 것 같다. 그렇게 타파스는 배고픔을 없애 주는 최고의 선택이며 이들의 음식 문화로 자리했다.

　관광객과 방문객이 경험하고 싶은 음식 문화와 맛집 리스트 중 1순위를 차지하는 것도 타파스다. 타파스는 음식이지만 사람들 사이를 연결해 주고 일상 중 휴식을 주는 문화적 장치라 생각한다. 다양한 문화와 역사를 지닌 스페인 지방 전통 음식은 특징과 개성이 확연히 달라 다양한 타파스로 변화하는 데 큰 영향을 끼쳤다. 무엇보다 타파스의 인기와 성공 요인은 각 지방 특산물을 이용해 만든 독특한 조리법과 제철 식재료의 사용이다. 핑거푸드처럼 크기가 작고 적은 양의 요리를 다양하게 맛볼 수 있다는 매력과 일반 요리보다 저렴하게 즐길 수 있다는 것도 큰 장점으로 작용한다. 이런 이유로 현지인에게는 일상 중 간단하고 맛깔나게 요기를 하는 음식으로, 그리고 스페인 음식 문화에 익숙하지 않은 관광객에게는 여행 중 부담이 적고 골고루 맛보거나 나누어 먹을 수 있는 먹거리로 사랑을 받는다.

전통적인 타파스 바에서는 고객이 눈앞에 펼쳐진 싱싱한 제철 식재료나 이미 조리가 된 요리를 보고 직접 골라 먹을 수 있게끔 되어 있다. 유리 진열장 안에 음식을 보기 좋게 진열해 두고 손님이 이것저것 손가락으로 고르면, 직원이 작은 접시에 바로 담아 준다. 유리 진열장은 음식의 적정 온도와 청결을 유지해 주는 동시에 고객과 직원의 사이를 나누는 역할을 해 준다. 스페인 음식을 잘 모르는 외국인이나 관광객에게는 직접 보고 골라 먹을 수 있는 것이 큰 장점이다. 따뜻하게 즉석에서 만들어 내오는 타파스도 있는데, 튀기거나 신선한 올리브유에 볶는 요리가 주를 이룬다. 다양하고 신선한 식재료 및 셰프들의 독창적인 시도와 발전하는 요리법은 타파스 마니아를 즐겁게 한다. 절대 질리지 않고 지루하지 않은 음식 장르가 있다면 타파스를 꼽을 수 있다.

타파스의 유래 중 하나는 어느 선술집에서 음료 잔 위를 빵이나 스페인식 소시지 엠부티도Embutido로 덮어 팔기 시작한 것이라고 알려져 있다. 음료에 모래, 먼지나 벌레가 들어가 더러워지거나 상하는 것을 방지하기 위해 주인이 간단히 꾀를 쓴 것이 전통으로 남았다. 19세기, 스페인 왕 알폰소 12세가 스페인 남서부의 도시 카디스를 방문했을 때 우연히 들른 술집에서 주인이 와인 잔에 햄 한 조각을 얹어 왕에게 내놓았다고 한다. 이를 특이하게 본

왕이 이유를 묻자 주인은 그 지역에 날리는 모래가 왕의 술잔에 들어가지 않도록 하기 위해서라고 답했다. 또 다른 설로 식사도 제대로 하지 못한 채 새벽부터 일을 시작하는 농부나 어부가 힘든 일을 마치고 피로를 풀기 위해 빈속에 술을 마시는 경우가 일상 다반사였는데, 이를 알게 된 지혜로운 왕이 아침부터 술에 취하지 않고 건강을 해치지 않도록 간단한 먹거리를 술 한 잔 시킬 적마다 곁들여 내도록 명령을 내렸다는 일화도 전해진다.

다양한 식재료를 사용하는 타파스는 안주처럼 궁합이 맞는 술을 골라 함께 하면 즐거움이 커진다. 내가 가장 좋아하는 타파스 시식법은 한 식당에만 머무르지 않고 타파스 바가 몰려 있는 골목이나 동네를 어슬렁거리며 몇 군데 식당에 들러 저마다의 비밀스럽고 전통적인 조리법을 맛보는 것이다. 그걸 나는 '타파스 사파리'라고 부른다. 나이프와 포크만 몇 개씩이나 사용하며 온갖 격식을 차려야 하는 유럽의 정찬에 비하면 스페인 타파스를 먹는 방식은 매우 캐주얼하고 친근하다. 그래서 대부분 유쾌하고 즐거운 식사 자리가 만들어진다. 서로 닿을 만큼 가까이 앉아 웃고 떠들어도 누구 하나 불평하지 않는 자연스러운 자리이다. 음식 문화에서도 각 민족의 성격, 삶을 대하고 살아가는 방식과 자세가 오롯이 투영된다. 유럽의 다른 민족보다 친근하고 사람 냄새나는 스페인 사람들의 모습은 그들의 음식 문화와 많이 닮았다고 늘 생각한다.

핀초스Pinchos는 작은 핑거푸드 형태로, 다양한 재료를 사용해

타파스와 핀초스

알차고 정교하게 조리한 음식이다. 스페인의 다른 곳과는 달리 핀초스의 원조인 바스크 지방에서는 발음은 같되 표기가 다른 바스크어(Pintxos)를 사용한다. 핀초스는 바스크 지방에서 가장 아름다운 도시로 꼽히는 산 세바스티안San Sebastián에서 만들어 먹기 시작했다. 그 기원은 1930년대로 거슬러 올라간다. 산 세바스티안의 라콘차La Concha 해변에 위치한 라 에스피가La Espiga라 불리는 바에서 한두 입에 먹을 수 있는 작고 저렴한 새로운 형태의 요리를 고객에게 팔기 시작한 것이 핀초스 역사의 시작이다. 이 음식은 다양한 재료를 섞어 조화로운 요리를 자른 빵 조각 위에 정교하게 쌓아 올린 다음 작은 나뭇조각으로 고정한 것으로, 그 특이한 형태가 인기를 끌며 지금까지 사랑을 받고 있다. 이때 사용된 이쑤시개 같은 나뭇조각이 바스크어로 '핀초스'다.

고기, 해산물, 야채 등 스페인 북부의 특산물과 발달한 조리법이 결합하여 핀초스는 새로운 음식 장르로 발전했다. 특별히 조리법에 제한이 없어서 무한하게 변화하고 확장될 수 있는 장점이 있다.

해산물에 열광하든, 지방이 많은 고기를 사랑하든, 살코기를 선호하든 간에, 심지어 채식주의자라 해도 핀초스 바와 식당에서는 원하는 맛을 찾을 수 있다. 일반적으로 맛집들이 한 거리나 동네에 몰려 있어, 진정 핀초스를 즐기는 사람은 여러 장소를 기웃거리고 돌며 식당마다 대표로 준비하는 요리를 골라 먹는다.

바스크 지방의 바에서는 일반 맥주잔 반 정도 크기인 100~ 150ml의 작은 잔에 따라 주는 맥주를 '수리토Zurito'라 하고 60ml 정도의 포도주 잔술은 '치키토Txikito'라 한다. 이는 핑거푸드처럼 작은 핀초스와 곁들여 즐기기에 적당한 사이즈와 양이다. 한 장소에서 식사를 끝내는 것이 아니라 여러 바와 식당을 돌아다니며 핀초스를 즐기고, 그에 어울리는 술을 작은 잔으로 마시는 이들만의 음주 풍습에서 생겨났다. 불편하고 번잡스럽지만 이 맛 때문에 매해 수백만 명의 사람들이 바스크 지방을 찾는다.

프랜차이즈 식당이 가장 살아남기 힘들다는 스페인에서, 핀초스의 역할과 자리는 그 어떤 전통 음식보다 더욱 견고하다. 스페인은 세계적인 요리의 흐름과 유행에 민감하지 않은 편이고 스페인 사람은 전통 음식을 선호한다. 그렇다고 이들의 조리법이 정체되었다는 뜻은 아니다. 바스크 지방을 비롯해 여러 도시에서 자리 잡은 명성 있는 요리 학교 및 레스토랑과 더불어 스페인 요리의 정교함과 실험 정신은 나날이 진화를 거듭하고 있다. 세계에서 가장 짧은 기간에 가장 많은 미슐랭 별을 받은 곳이 바스크 지방이라는 사실만 봐도 스페인이 얼마나 세계 요리사에서 독보적인 위치를 차지하고 있는지 알 수 있다. 타파스와 핀초스는 전통적인 조리법을 유지하면서도 기존의 요리와 거의 관련이 없을 정도로 혁신적으로 변화하고 있다. 다양한 식재료를 구하기 수월해지면서, 잊혔거나 요리에 잘 사용하지 않는 특정 지역에서 나는 식재료를 재조명하는 활동도 적극적으로 일어나고 있다. 바스크 요리는 독특한 전통, 실험 정신, 열린 철학으로 최고의 경지에 이르고 있다. 조리법과 플레이팅, 색상, 구성 등의 프레젠테이션도 지속적으로 진화하고 발전해 간다. 음식 문화에서 빼놓을 수 없는 와인과 전통주를 요리와 페어링해 마케팅하는 것도 크게 주목할 만한 움직임이다. 먹는 일도 예술이 될 수 있음을 보여 주는 최고의 요리사들이 나온 곳이니 관심을 가지고 지켜볼 일이다.

2장

여름

가을

•INVIERNO•

4장

겨울

• PRIMAVERA •

—

1장

봄

• 입맛을 돋우는 새콤한 꼬치 •

—

반데리야스
Banderillas

스페인에도 역시 김치처럼 지방색이 강한 음식이 있다. 나는 김치의 대체 스페인 식품으로 아세이투나Aceituna라고 불리는 올리브 절임(한국에서는 그냥 올리브라고 부른다)과 반데리야스*를 1위로 꼽겠다. 낯선 미지의 도시 바르셀로나에 도착해서 처음 접하는 스페인 음식이 익숙하지 않던 시절, 밥을 먹다 보면 항상 뭔가 매콤하거나 새콤한 것으로 입안을 개운하게 하면 좋겠다고 생각할 때마다 올리브가 내 입맛을 달래 주었다. 김치 한 점이 필요한 순간, 올리브 한 알을 입에 넣으면 기름을 많이 사용하는 스페인 음식을 먹다 생기는 느끼함과 텁텁함이 금세 해소되었다. 특히 고추를 곁들여 약간 매콤한 향과 맛을 더한 반데리야스는 한국의 매콤한 맛을 찾아 헤매는 혀의 욕구를 완전히 해소해 주었다.

짭조름하고 특유의 신맛으로 입맛을 돋우는 반데리야스는 지역에서 나는 식재료를 주로 사용해서 다양하고 무궁무진한 조합이 가능하다. 길다스Gildas**와 핀초스 데 엔쿠르티도스Pinchos de encurtidos 등 도시마다 다른 이름으로 불린다. 식초에 절인 피파라스Piparras*** 또는 긴디야스Guindillas라고 불리는 매운 고추, 절인 작은 오이, 익힌 파프리카, 올리브, 아티초크, 치즈, 아몬드, 안초아

---

*   반데리야스는 반데리야Banderilla의 복수형 단어다.
**   길다스는 길다Gilda의 복수형 단어다.
***   피파라스는 바스크 지방에서 4~5월에 수확하는 길이가 5~12cm 정도 되는 매운 고추를 이르는 말이지만 전부가 매운맛을 내는 것은 아니다. 피파라스 고추는 껍질이 얇고 부드러운 것이 특징이다.

Anchoa 등을 긴 이쑤시개나 작은 꼬치에 끼워 만든다. 지역마다 새콤달콤하면서 짭조름하거나 혀를 톡 쏘는 매운맛을 내는 등 다양한 특징을 가지고 있다. 물론 나는 북부의 매콤한 맛이 일품인 길다스를 좋아한다. 매콤한 길다스는 스페인 북쪽 바스크 지방의 전통적이고 상징적인 핀초스로 입맛을 돋우는 데 최고다. 어디에서나 쉽게 준비할 수 있고 간단한 대표적인 반데리야스 만드는 법을 소개한다.

반데리야스 1

● 재료

아티초크* 가운데 부분(통조림 혹은 병조림), 올리브유에 절인 안초아**(통조림 혹은 병조림), 씨를 뺀 올리브, 달콤하게 식초에 절인 고추(피파라스 통조림 혹은 병조림), 이쑤시개

아티초크

● 요리법

1. 이쑤시개에 아티초크, 올리브, 고추, 안초아를 순서대로 꽂아서 만든다.

*　　아티초크는 스페인어로 알카초파라고 부른다. 이 책에서는 쉬운 이해를 위해 영어 이름인 아티초크로 표기한다. 싱싱한 생아티초크를 사용할 경우, 재료가 잠길 정도로 넉넉한 양의 식물성 기름, 약간의 물과 소금을 넣고 중불에서 오래 끓이듯 익힌다. 물이 다 증발하면 기름이 끓기 시작하는데 그때 불을 강하게 올려 색을 낸 후 불을 끄고 기름과 아티초크는 분리하고 식혀 사용한다. 또 다른 손쉬운 방법으로는 냄비에 생아티초크가 잠길 정도의 물과 약간의 소금과 레몬즙을 넣고 익을 때까지 충분히 삶은 후 식혀 사용한다.

**　올리브유에 절인 안초아(영문으로 안초비European anchovy)는 말 그대로 이미 조리를 마친 후 캔이나 병에 담아 바로 시식할 수 있게 만든 제품을 의미한다. 안초아는 유럽멸치로 스페인에서는 5~6시간 정도 소금에 절인 후 생선이 단단해지면 머리와 내장을 제거하고 소금에 재운 뒤 무거운 돌로 눌러 저장소에 석 달 정도 묵혔다가 물로 여러 차례 씻어 소금과 피를 제거한다. 마지막으로 안초아를 반으로 갈라 가시와 이물질을 제거하고 올리브유를 첨가해 용기에 담는다. 안초아를 만드는 과정은 모두 수작업으로 이루어진다. 서양식 젓갈인 안초아도 냉장 저장한다. 참고로, 시장이나 식당에 가면 보케론Boqueron이라 불리는 생선을 볼 수 있는데 같은 유럽멸치다. 싱싱한 보케론 튀김과 식초에 절인 보케론(보케로네스 엔 비나그레Boquerones en vinagre)은 타파스 식당에서 흔히 볼 수 있는 메뉴다.

반데리야스 2

• 재료

만체고 치즈,* 올리브유에 절인 안초아, 씨를 뺀 올리브, 소금 간이 된 아몬드, 이쑤시개

• 요리법

1. 맨 아래에 긴 삼각형으로 자른 건조한 만체고 치즈를 깔고 씨를 빼 속이 빈 올리브 안에 안초아와 아몬드를 넣고 이쑤시개로 고정한다.

길다스

• 재료

올리브유에 절인 안초아, 씨를 뺀 올리브, 달콤하게 식초에 절인 고추(피파라스 통조림 혹은 병조림), 이쑤시개

• 요리법

1. 이쑤시개에 올리브와 고추, 안초아를 순서대로 꿉는다.

*　만체고 치즈는 돈키호테 소설의 배경인 카스티야라만차Castilla-La Mancha 지방에서 기르는 품종 양 만체가Manchega의 우유를 압축해서 만든 치즈다. 버터 향과 견과류 향이 살짝 나며 독특한 질감을 지녔는데 치즈 맛이 강하지 않다. 올리브 오일을 뿌려 먹는다.

　　　　　　　　　　　　　　　　　　　　　　　　　　타파스와 핀초스

• 참치를 곁들인 샐러드 •

엔살라다 데 피미엔토스 아사도스 이 아툰

Ensalada de pimientos asados y atún

● 재료(8개)

붉은 파프리카 2개, 엑스트라 버진 올리브유 2큰술, 캔 참치 100g,
바게트 8조각, 신선한 파슬리 약간, 소금 약간, 후춧가루 약간

● 요리법

1. 파프리카를 씻은 후 세로로 잘라 꼭지와 씨 부분을 제거한다.
2. 파프리카에 기름을 바르고 소금과 후춧가루를 적당히 뿌린 후 쿠킹 페이퍼에
   싼다.
3. 파프리카를 200도로 예열한 오븐에서 45분간 굽는다. 요리 중간에 쿠킹 페이
   퍼를 제거하고 파프리카를 뒤집어 굽는다.
4. 껍질이 까맣게 타기 시작하면 오븐에서 파프리카를 꺼낸다.
5. 검게 탄 파프리카 껍질을 벗기고 길게 자른 후 접시에 담는다.
6. 바게트 위에 구운 파프리카와 캔 참치를 올리고 올리브유를 뿌린다. 신선한 파
   슬리로 장식한 후 이쑤시개로 고정한다.

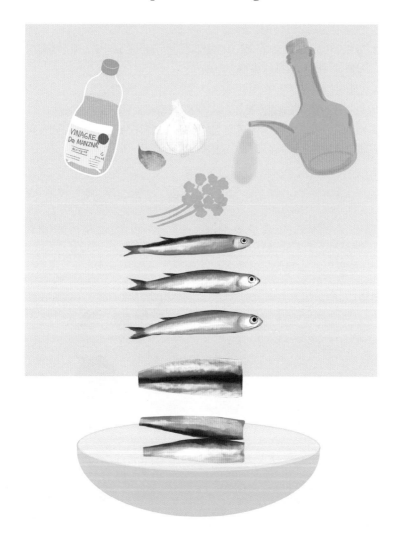

• 화이트 식초에 절인 유럽멸치 •

—

보케로네스 엔 비나그레

Boquerones en vinagre

외국에 살면 때때로 현지에서 구하기 쉽지 않은 한국 음식이 미치도록 그리울 때가 있다. 아마도 향수병의 다양한 증상 중 하나가 특정 음식이 몹시 그리운 것은 아닌지 생각한다. 내게는 적당히 비릿하고 짭조름한 간으로 입맛을 돋우는 젓갈, 다른 반찬 없이 따뜻한 밥에 한 점만 올려 먹어도 그리운 음식에 대한 갈증이 해소되는 매운 양념 게장 같은 음식이 그렇다. 간절하면 어떻게든 찾게 되는 법인지, 신기하게 외국에서 살다 보면 그 아쉬움을 해소해 주는 대체 음식을 만나게 된다. 그것이 바로 보케로네스였다. 나의 이런 환상적인 경험은 아이러니하게 임신 중에 생겼다. 톡소플라스마증에 면역이 없어서 생고기나 날생선을 먹으면 안 된다고 했던 그때 가장 그리웠던 음식이 젓갈이었다. 우연 혹은 필연적으로 젓갈을 대신한 음식이 바로 보케로네스 엔 비나그레다. 바게트에 한 점 올린 보케로네스는 따뜻한 밥 한 수저에 올린 젓갈처럼 적당히 비릿하고 짠맛에 새콤해서 까다로운 입맛을 만족시켜 주었다. 여전히 나는 보케로네스를 좋아한다. 아직 집에서 해 먹어 본 적은 없지만 스페인에서는 아주 흔한 타파스의 한 종류라 바에서 사 먹을 수 있다. 식당에서 주인의 노하우가 담긴 보케로네스를 먹는 게 훨씬 편하고 맛있지만 그래도 한국에서 어른 손바닥 정도 크기(20cm 정도)의 생멸치를 구할 수 있다면 새콤한 보케로네스 만들기에 도전해 볼 만하다.

• 재료(6~8인분)

생멸치 500g, 식초 375ml, 물 125ml, 엑스트라 버진 올리브유 500ml, 마늘 2쪽, 신선한 파슬리 한 줌, 소금 1큰술

• 요리법

1. 가시를 빼고 손질한 멸치 살을 흐르는 찬물에 씻고 얼음물에 담가서 핏물을 빼 낸다.

2. 고래회충 감염을 방지하기 위해 깨끗이 씻은 멸치를 최소 24시간 동안 반드시 얼려야 한다. 요리 중 이 과정이 가장 중요하다.

3. 24시간 후 해동한 멸치의 등 부분이 아래로 향하도록 용기에 하나씩 올린다. 식초와 물을 3:1 비율로 섞은 것에 짠맛이 날 정도로 소금을 넣고 멸치가 잠길 정도로 채운다.

4. 용기 뚜껑을 닫아 냉장고에 밤새 넣어 둔다. 8~10시간 정도 두어야 한다.

5. ④의 용기에서 멸치를 꺼내 물기를 뺀 다음 마른 용기에 넣고 멸치가 잠길 정도로 신선한 엑스트라 버진 올리브유를 채운 뒤 마늘과 파슬리를 다져 뿌린다.

6. ⑤를 2시간 정도 냉장고에 두었다 먹는다.

보케로네스 엔 비나그레

삶은 채소, 올리브, 캔 참치를 넣은 감자 샐러드

엔살라디야 루사

Ensaladilla rusa

세상에 무수한 감자 요리가 있고, 나라마다 섞어 쓰는 부재료가 다르지만 형제처럼 닮은 조리법도 존재한다. 유럽뿐만 아니라 심지어 한국에서도 흔히 먹는, 익힌 감자와 갖은 채소에 마요네즈를 버무려 만든 샐러드가 있다. 어릴 적 학교에 다녀오면 엄마가 오이와 사과가 든 감자 샐러드를 넣어 만든 빵을 간식으로 주시곤 했는데 그 맛은 내 유년 시절 행복한 맛의 대명사로 기억한다. 여전히 나는 그 맛을 잊지 못해 종종 감자 샐러드를 만들어 먹는다. 그리고 여전히 행복한 맛이 난다. 타파스 중에도 감자 샐러드와 정말 비슷한 엔살라디야 루사가 존재한다. 음식 이름에 러시아란 뜻의 루사rusa을 사용한 걸 보면 러시아 음식이 유럽의 많은 나라에 널리 퍼진 게 아닐까 추측해 본다. 동네 라트비아인 친구네 집에 초대받아 갔을 때도 전통 음식으로 내놓은 음식이 엔살라디야 루사와 매우 비슷한 감자 샐러드였다. 나라마다 넣고 빼는 것이 조금씩 다를 뿐 참 많이 닮았다. 스페인은 올리브와 캔 참치가 들어가고 익힌 빨간 파프리카를 장식으로 곁들인다. 내가 사는 지중해에서는 감자 샐러드에 빵을 곁들여 먹지만 남쪽에서는 밀가루 반죽을 새끼손가락 굵기와 길이 정도로 만들어 딱딱한 과자처럼 구워 곁들여 먹는다. 아이들도 좋아하고 한 끼 식사 대용으로도 영양 만점인 타파스다!

● 재료(6~8인분)

감자 400g, 당근 3개, 달걀 2개, 삶은 완두콩 4큰술, 캔 참치 100g, 씨 뺀 올리브 50g, 구운 파프리카 1/4개, 소금 한 꼬집, 마요네즈 4~5큰술

● 요리법

1. 감자와 당근의 껍질을 벗기고 1cm 크기로 깍둑썰기한다.
2. 소금을 한 꼬집 넣은 끓는 물에 ①을 넣고 25분 동안 삶는다.
3. 찬물에 달걀을 넣고 10분 정도 삶은 후 찬물에 식힌 다음, 껍데기를 벗긴 뒤 사방 1cm 크기로 자른다.
4. 준비한 모든 재료를 식힌다.
5. 캔 참치, 삶은 완두콩과 반으로 자른 올리브의 물기를 뺀다.
6. 감자, 당근, 달걀, 완두콩, 참치, 올리브를 마요네즈와 섞는다.
7. ⑥을 접시에 담고 길게 자른 구운 파프리카와 올리브로 장식한다. 혹은 기호에 맞게 방울토마토나 적색 양파 등으로 장식한다.

타파스와 핀초스

엔샬라디야 루사

• 연어와 게맛살의 감칠맛 나는 조화 •

살몬 콘 랑고스티노스 이 수리미

Salmón con langostinos y surimi

• 재료(12개)

달걀 6개, 게맛살 130g, 마요네즈 2큰술, 익힌 새우 12개, 바게트 12조각, 훈제 연어 12조각, 씨 뺀 올리브 12개, 이쑤시개

• 요리법

1. 달걀을 삶은 뒤 껍데기를 벗기고 그릇에 담는다.
2. 노른자를 으깨고 잘게 썬 흰자와 게맛살과 마요네즈를 조금씩 넣어 가며 부드러워질 때까지 잘 섞는다.
3. 바게트 위에 훈제 연어 조각과 ②, 새우와 올리브를 순서대로 쌓은 다음 이쑤시개를 꽂아 완성한다.

초리소 알 비노

Chorizo al vino

초리소 알 비노는 스페인 전역에서 먹을 수 있는 유명한 타파스다. 도토리를 먹여 키운 이베리아 돼지의 고기로 만든 초리소와 스페인 북쪽 레온León 지방의 초리소를 최고급으로 꼽는다. 개인적인 의견으로 '전통 스페인 요리의 맛'으로 꼽겠다. 처음 봤을 때는 기름기가 있는 말린 소시지를 레드 와인에 조려 먹는 것에 약간의 거부감이 있었는데 막상 먹어 보면 그 매력에 푹 빠지게 된다. 검붉은 초리소와 와인의 궁합이라니, 매우 열정적이지 않은가?

돼지고기와 지방을 다져 만든 스페인 소시지 엠부티도는 만드는 과정은 같으나 향기로운 허브와 향신료(파프리카, 후추, 마늘, 로즈메리, 타임, 정향, 생강, 육두구 등)의 조합에 따라 다른 이름으로 불린다. 대표적으로 후추와 육두구를 넣어 만든 살치촌Salchichon, 파프리카가루 피멘톤Pimentón과 마늘을 넣은 초리소, 세계적으로 가장 다양하게 만들어지는 롱가니사Longaniza, 피를 넣어 순대처럼 만든 모르시야Morcilla 등이 있다. 스페인 엠부티도 중 가장 유명한 초리소는 빨간 파프리카가루를 넣어 붉은색을 띠고 매콤한 맛이 나는 초리소 피칸테Chorizo Picante와 매운맛이 없는 초리소 둘세Chorizo Dulce, 둘로 나뉜다.

초리소 알 비노는 대개 매운맛 초리소와 레드 와인을 함께 조리한다. 와인이 초리소에서는 나는 고기의 잡내를 잡아 주고 향신료와 섞여 풍부한 맛을 내게 한다. 조리한 후 뜨거운 상태에서 먹기 좋게 썰어 빵에 곁들이면 간단하게 식사 대용 샌드위치가 되고 술과도 찰떡궁합이다. 조리 방법은 간단하지만 와인 파티 상에 올리면 절대 실패하지 않는 요리다. 초리소를 와인에 넣고 15분 정도 약불로 조린 후 한 김 식으면 잘라 낸다. 작게 잘라서 조리면 와인을 많이 흡수해 맛도 더 강해지고 식감도 많이 달라지니 꼭 통째로 혹은 큼지막하게 잘라 조리하자.

● 재료(4인분)
초리소 500g, 레드 와인 350ml, 월계수잎 1장

● 요리법
1. 프라이팬에 초리소와 와인, 월계수잎 1장을 넣고 뚜껑을 덮은 후 약한 불에서 10~15분 정도 끓인다. 와인이 자작해질 때까지 끓이면 된다.
2. 초리소만 꺼내 먹기 좋게 1cm로 자른 후 프라이팬에 남은 와인과 잘 섞는다.
3. 접시에 담아 빵과 함께 낸다.

여러 종류의 엠부티도스

• 감자와 달걀로 만든 스페인식 오믈렛 •

—

토르티야 데 파타타스

Tortilla de patatas

어른 아이 할 것 없이 스페인 사람이라면 감자 토르티야를 먹고 자라며 살고 있다고 해도 과언이 아니다. 감자와 달걀로 만든 두툼한 오믈렛 비슷한 요리로 스페인 일반 가정의 식탁에서 매우 흔히 볼 수 있는 음식이다. 스페인 아이들이 집에서 가장 처음 배우는 요리 중 하나다. 나의 친정엄마가 제일 먼저 배우고 싶어 한 스페인 요리도 토르티야다. 그만큼 세상 모든 사람에게 익숙한 맛이고 너나없이 좋아하는 음식임이 분명하다. 일반 가정에서 흔히 사용하는 감자와 야채를 기본으로 엠부티도나 자투리 고기를 넣거나 심지어 흰 살 생선을 섞기도 해 레시피가 무한하다. 감자와 달걀만으로 간단하고 손쉽게 만들 수 있는데 맛있다. 스페인 가정에서는 감자를 튀기고 남은 기름을 모았다가 토르티야를 요리할 때 다시 사용하는데 신기하게도 더 깊고 풍부한 맛이 난다. 둥근 프라이팬에서 케이크처럼 노릇노릇하게 익힌 후 접시에 담으면 보기만 해도 든든하다. 빵과 곁들여 여럿이 나누어 먹을 수 있는 타파스다. 작은 큐브 모양으로 썬 뒤 이쑤시개를 꽂아 파티에 내놓아도 인기 만점이다. 간식은 물론 간단한 식사용으로도 훌륭한 음식이다. 스페인에 사는 누구에게나 가족과 친구 중에 늘 전문 요리사를 능가할 정도로 토르티야를 잘 만드는 사람이 한 명은 반드시 있다. 물론 그 토르티야 장인은 대개 엄마나 할머니일 가능성이 크다.

● 재료(식사용 2인분)

달걀 4개, 감자 700g(중간 크기 4개), 올리브유 250ml, 우유 2큰술, 소금 한 꼬집

● 요리법

1. 뜨겁게 달군 프라이팬(폭 20cm, 높이 5cm)에 얇게 썬 감자가 잠길 정도로 올리브유를 넣고 튀기듯 익힌다. 중간 불로 줄인 후 뚜껑을 덮어 속까지 익힌다.
2. 감자가 익어 부드러워지면 꺼내 스테인리스 기름 거름망에 걸러 기름을 빼고 그릇에 담아 식힌다.
3. 넉넉한 그릇에 달걀과 우유를 넣고 소금으로 간을 한 후 준비해 둔 감자를 반 정도 넣고 잘 섞는다.
4. 기름을 조금 두른 달군 프라이팬에 남은 튀긴 감자를 먼저 깔고 뜨거워지면 준비한 ③을 붓는다.
5. 강한 불에 잠시 익히는데 가장자리의 달걀이 거품처럼 올라오는 게 보이면 큰 접시를 이용해 토르티야를 뒤집는다.
6. 뒤집은 토르티야를 2분 정도 익히고 접시에 담는다. 토르티야가 두꺼우면 뒤집기를 두세 차례 더한다.

TIP 토르티야를 뒤집는 요령*

1. 토르티야를 조리한 프라이팬보다 큰 접시를 위에 뚜껑처럼 덮는다.
2. 프라이팬 손잡이를 잡고 접시를 손으로 밀착시킨 후 팬을 거꾸로 뒤집어 접시가 아래로 향하게 둔다. 이때 기름이 흐를 수 있으니 손과 손목 보호용 면장갑을 꼭 낀다.
3. 접시 위에 익힌 토르티야 면이 보이는 상태에서 프라이팬에 안 익은 부분을 조심스럽게 밀어 넣는다.

*   토르티야는 부피와 무게가 있어 부침개를 만드는 것처럼 뒤집기는 불가능하다. 그래서 프라이팬보다 큰 접시를 이용한다. 큰 접시를 사용하는 것은 기름이 밖으로 흘러 화상을 입지 않기 위해서지만 반드시 장갑을 끼는 것을 추천한다. 감자를 익히는 중간 양파, 하몬, 초리소 등을 추가해 다양한 맛의 토르티야를 만들 수 있다.

                                                        타파스와 핀초스

토르티야 데 파타타스

• 이베리아 대지와 칸타브리아해의 환상적 만남 •
—

하몬 이베리코 콘 피미엔토스 베르데스 이 안초아스

Jamón ibérico con pimientos verdes y anchoas

• 재료(6개)

파프리카 1개(혹은 풋고추 3개), 하몬 이베리코* 100g, 새우 6마리, 달걀 3개, 올리브유에 절인 안초아 6쪽, 바게트 6조각, 올리브유 5큰술, 버터 1작은술, 마요네즈 적당량, 소금 한 꼬집, 이쑤시개

• 요리법

1. 달걀노른자가 터지지 않도록 잘 삶은 다음 둥글게 썰어 둔다.
2. 프라이팬에 버터를 넣고 길게 어슷썰기한 바게트를 살짝 구워 바삭하게 만들어 사용하기도 한다.
3. 바게트 크기에 맞춰 파프리카를 잘라 팬에 넣고 올리브유로 굽는다. 키친타월 위에 올려 기름을 뺀다.
4. 새우를 삶아 껍데기를 깐다.
5. 빵 위에 튀긴 파프리카 한두 조각을 깔고 하몬, 안초아, 삶은 달걀 한 조각, 익힌 새우를 순서대로 올리고 기호에 맞게 마요네즈를 뿌린 다음 마지막에 이쑤시개로 고정한다.

---

*   하몬 이베리코는 이베리아반도에서 자란 순종 이베리코 돼지 혈통이 최소 50%는 섞인 돼지로 만드는 하몬을 말한다. 네 개의 등급으로 나뉘며 발목에 색 띠를 둘러서 표시하는 것이 법으로 지정될 정도로 품질 관리를 철저히 한다. 얇게 잘라 진공 포장해서 판매하는 하몬의 경우에도 반드시 등급을 표시한다. 너른 들판이나 낮은 야산에 방목해 도토리와 목초만 먹여 키운 100% 이베리코 돼지의 뒷다리로 만든 하몬(jamón de bellota 100% ibérico)을 검은 라벨etiqueta negra로 분류한다. 최상품 하몬이며 숙성 기간도 48개월 혹은 그 이상으로 길다. 빨간 라벨etiqueta roja은 검은 라벨과 동일한 방식으로 사육하지만 잡종 이베리코 돼지(50~75%)로 만든 하몬이다. 블랙 라벨보다 훨씬 저렴하지만 일반인들은 큰 차이를 못 느낄 정도로 맛도 좋다. 녹색 라벨etiqueta verde 하몬 이베리코 데 캄포jamón ibérico de campo는 도토리 외에도 곡물 사료를 섞어 먹여 키운 잡종 이베리코 돼지로 만든다. 숙성 기간은 24~36개월이다. 흰색 라벨etiqueta blanca은 하몬 이베리코 데 세보jamón ibérico de cebo로 돼지 사육 농장에서 곡물 사료만 먹여 키운 잡종 이베리코 돼지로 만든 하몬이다. 하몬 세라노jamón serrano는 이베리코 혈통이 아닌 유럽이나 다른 나라에서 사육하는 흰 돼지로 만든 하몬으로 숙성 기간은 3개월부터 길어야 12개월 정도로 짧다. 하몬 이베리코에 비해 저렴해서 요리에 맛을 내는 용도로 사용한다.

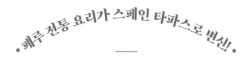

메히요네스 아 라 찰라카

Mejillones a la chalaca

나는 페루 요리에 대해 많이 알지는 못하지만 세비체Ceviche처럼 청량하고 개운한 맛이 나는 음식을 좋아한다. 메히요네스 아라 찰라카는 페루 음식이 스페인 타파스로 자연스럽게 받아들여지고 흡수된 경우다. 싱싱한 홍합을 상큼하게 먹을 수 있는 최고의 조리법이다. 레몬, 양파와 매운 고추의 조합으로 매콤하고 새콤한 맛이 침샘을 자극한다. 저절로 군침이 돈다. 조리법은 매우 간단하고 쉬운데(이 책에서 소개하는 음식의 조리법은 쉬운 것이 특징이며 장점이다) 요리를 담고 보면 알록달록 색도 곱다. 먹음직스럽다. 홍합 한 개를 호로록 빨아 당기면 봄을 입안 가득 문 것처럼 싱그럽다. 잘게 썬 야채들을 씹을 때 나는 아삭거리는 소리와 더불어 오감을 자극한다. 지금 글을 쓰는 중에도 이 홍합 요리가 먹고 싶어 마음이 달그락거린다.

• 재료(식사용 2인분)

잘 씻어 손질한 홍합 18개, 양파 1개, 매운 고추 1개, 토마토 2개, 신선한 파슬리 2
큰술(다진 것), 통조림 옥수수 40g, 레몬 1개, 노란 파프리카가루 1큰술, 엑스트라
버진 올리브유 2큰술, 소금 1/2작은술, 후춧가루 1/2작은술

• 요리법

1. 냄비에 깨끗하게 손질한 홍합을 넣고 입이 벌어질 때까지 센불로 약 5분 정도
   가열한다.
2. 껍데기를 벌려 홍합살이 붙어 있던 부분을 보관하고 다른 쪽은 버린다.
3. 홍합에서 물기를 빼고 식힌다.
4. 넉넉한 용기에 다지거나 작게 썬 양파와 매운 고추, 씨를 제거한 뒤 잘게 썬 토
   마토, 파슬리, 옥수수, 레몬 1개를 짠 즙, 노란 파프리카가루, 올리브유, 소금과
   후추를 넣고 섞는다.
5. ④의 재료들이 잘 섞이고 간이 배게 30분간 둔다.
6. 준비한 홍합에 ④의 재료를 1큰술씩 올린다.

TIP

노란 파프리카가루는 색을 내기 위한 것이므로 꼭 사용하지 않아도 괜찮다.

메히요네스 아 라 찰라카

• 입맛을 되찾아 주는 싱싱한 고추볶음 •

—

피미엔토 데 파드론

Pimiento de padrón

파드론Padrón이라고 불리는 고추는 스페인 북부 코루냐Coruña와 갈리시아Galicia에서 재배한 것이 유명해서 피미엔토 데 파드론은 지역 음식으로 알려져 있지만 현재는 전 지역에서 즐겨 먹는 타파스 요리다. 그런데 사실은 요리라 부르기에 민망할 정도로 조리법이 매우 간단하다. 뜨겁게 달군 프라이팬에 올리브유 약간과 씻어 물기를 뺀 고추를 넣고 재빨리 프라이팬을 움직여 고추 표면을 골고루 익힌 후 접시에 담고 굵은소금을 뿌리면 된다. 이처럼 쉬운데 식감과 맛이 기가 막히게 좋다! 조리할 것 없는 고추 요리를 굳이 소개하는 이유는 파드론 고추볶음에 대한 사랑 때문이다. 고추를 즐겨 먹는 한국인이 여행자로 스페인에 와서 처음 맛봐도 대부분이 좋아하는 타파스다. 한 번도 못 먹어 본 사람은 있지만 한 번만 먹은 사람은 없다는 것이 내 생각이다. 그만큼 매력적인 타파스다. 특히 튀김 요리나 고기와의 궁합이 최고다.

모양은 꼭지가 달린 위쪽은 둥글고 아래쪽은 길쭉한 원추형으로 미숙한 고추를 수확해 조리에 사용하는데, 길이는 3.5~5.5cm, 가장 넓은 부분의 지름은 1.5~2cm 정도다. 덜 익은 상태일 때 따서 연한 녹색을 띠고 표피가 얇아서 연해 먹기 딱 좋다.

재밌는 것은 매운 식재료를 즐기지 않는 스페인 사람도 매운맛의 고추가 걸리기를 은근히 기대한다는 점이다. 파드론 고추를 먹을 때 매운 고추가 걸리면 행운이라 말하기도 하고, 친구들과 같이 시키면 매운 고추가 걸리는 사람이 돈을 내는 놀이를 하기도 한다. 돈을 내기 싫다면 매운 걸 먹고도 꾹 참아야 하는데 스페인 사람들은 참지 못한다. 한국인이라면 아무렇지 않을 만한 매운맛이다. 바스크 지방에서는 비슷한 방식으로 피파라스 고추를 볶아 먹는다. 한국에서는 매운맛이 빠져 아쉽지만 꽈리고추를 이용해 조리하면 비슷한 식감이 난다.

● 재료
파드론 고추 200g, 엑스트라 버진 올리브유 4~5큰술, 굵은소금 한 꼬집

● 요리법
1. 올리브유를 두른 뜨거운 프라이팬에 파드론을 넣어 흔들어 가며 고추에 기름 칠하듯 재빨리 익힌 다음 굵은소금을 뿌리고 잘 섞은 후 접시에 담는다. 요리하는 데 5분도 안 걸리므로 먹기 직전에 바로 조리한다.

파드론 고추

좋은 올리브유를
선택하는 팁

스페인에서 올리브는 보통 10월부터 수확을 시작한다. 처음 수확한 올리브유를 착즙하는 날은 조합이 있는 농가마다 잔치 분위기다. 신선한 올리브유를 구입하기 위해 사람들이 협동조합이 운영하는 상점과 생산지 마을을 찾는다. 나는 운 좋게 올리브유 추출 과정을 공장에서 몇 차례 본 적이 있다. 처음 짠 올리브유는 믿기 힘들 정도로 형광의 진초록빛을 띠고 필터링을 거치지 않아 맑지 않고 뿌옇다. 올리브유를 짜는 가을 동안 농가 근처만 지나도 올리브 향기를 맡을 수 있다.

올리브를 수확한 뒤 하루 안에 49도 이하의 저온 압착 방식으로 처음 추출한 오일의 산도Acidity를 측정해서 0.8% 미만인 것을 '엑스트라 버진'이라 부르는데 이를 질 좋은 올리브유로 친다. 더 낮은 온도에서 냉추출 방식으로 착유해 산도가 0.2% 이하의 것은 '최고급 엑스트라 버진'이라고 부른다. 압착 시 온도가 높을수록 산화가 일어나 기름의 질이 떨어진다. 그래서 저온 추출한 오일을 최고로 치며 건강에 좋은 폴리페놀, 올레인산 등의 함량이 높다.

올리브유에 들어 있는 떫은맛이나 쓴맛이 나는 폴리페놀은 세포의 노화를 막아 주는 항산화 효과가 있다. 올레오칸탈Oleocanthal은 엑스트라 버진 등급의 고품질 올리브유에서 발견되는 일종의 천연 페놀 화합물이다. 암세포를 사멸시키는 항암 효과 및 항염과 항산화 효과로 의학계의 주목을 받고 있다.

신선하고 고품질의 엑스트라 버진 올리브유는 목이 살짝 따끔

거리는 정도의 쓴맛과 매운맛을 내는데 이유는 앞에서 언급한 성분들 때문이다. 좋은 오일은 독특하고 강한 풍미를 지니면서 균형 잡힌 다양한 맛을 내는 것이 특징이다.

스페인 대표 올리브 품종으로 피쿠알Picual, 아르베키나 Arbequina, 오히블랑카Hojiblanca, 코르니카브라Cornicabra가 있다. 스페인 안달루시아 지방 하엔Jaen 지역에서 생산되는 올리브유의 90%가 피쿠알 품종이다. 기름 함량이 20~27% 정도로 올리브 품종 중에 가장 높고, 폴리페놀 함량은 보통 300~700ppm 정도다. 산화 안정성이 뛰어나 특히 튀김용으로 좋다. 참고로 하엔 지역에서 생산되는 올리브유의 양은 이탈리아에서 1년간 수확하는 양보다 많다. 스페인의 올리브유 생산량은 유럽 생산량의 70%, 세계 생산량의 45%를 차지한다. 카탈루냐 지방 식당이나 바에서 맛보기로 내주는 작은 올리브 종류는 아르베키나로 샐러드에 잘 어울린다. 가리게스Garrigues 지역을 중심으로 생산되는 품종이며 기름을 짜면 피쿠알에 비해 더 순하고 과일 맛이 난다. 이 품종은 생산과 오일 품질 관리 측면에서 세계 최고 중 하나로 인정받는다. 내가 사는 지역 근방인 캄 데 타라고나Camp de Tarragona, 우르젤Urgell 및 가리게스에서 재배된다. 오히블랑카는 코르도바Córdoba, 말라가Málaga, 세비야Sevilla, 그라나다Granada 지방에서 자라고 재배 면적을 기준으로 스페인에서 세 번째로 꼽는 품종이다. 코르니카브라 올리브와 그 오일은 몬테스 데 톨레도Montes de Toledo 원산지 품종

타파스와 핀초스

올리브 농장

으로 보호받고 있다. 스페인에서 두 번째로 널리 재배되는 올리브다. 열매는 길쭉한 모양이며 오일은 과일 향이 나며 쓴맛과 매운맛의 중간 정도이다. 특히 늦게 수확해 잘 익은 올리브에서는 아보카도 같은 맛이 난다.

최근에는 다른 품종을 조합하고 섞어 새로운 맛과 향을 만드는 경향도 어렵지 않게 볼 수 있다. 특히 트뤼프나 허브를 엑스트라 버진 올리브유와 섞어 만드는 향미유가 일반적이라 성분표에서 비율을 확인하길 추천한다. 보통 올리브유의 유통 기한은 2년 정도이지만 향미유는 기름이 향을 흡수할 시간을 더해 유통 기한이 조금 길다.

올리브 세척 과정

첫 수확해 여과 과정을 거치지 않고 짠 올리브유인 '올리 델 라 츠Oli del Raig'는 수확을 시작한 첫 일주일간 자연적 디캔팅(불순물을 가라앉혀 침전물을 걸러 내고 다른 용기에 깨끗한 기름을 분리해 따라 내는 과정)을 통해 생산하는 천연 올리브즙이다. 강렬한 향과 맛, 적은 과육 함량으로 차별화되는 올리브유다. 이러한 이유로 즐길 수 있는 기간은 1년 정도로 짧고 스페인의 마트에서조차 쉽게 구입할 수 없으며 물론 한국에서 만나기 더욱 귀한 오일이다.

스페인을 방문하는 대부분의 사람이 올리브유를 사고 싶어 하고 추천받기를 원한다. 그래서 좋은 올리브유를 선택하는 몇 가지 요령을 간단히 소개한다.

• 색이 진한 어두운 병에 담긴 것을 선택한다. 엑스트라 버진 올리브유는 빛을 받으면 좋은 성분이 파괴되기 때문에 산패를 최대한 막기 위해 반드시 어두운 유리병을 사용한다.
• 저온 압착 방식으로 추출한 산도가 낮은 기름을 고른다.
• 원산지 표시(D.O.P., Denominación de Origen Protegida)와 올리브 품종이 정확히 명시된 기름을 선택한다.
• 단일 올리브 품종에서 짠 기름을 고르는 것이 실패할 확률이 적다.
• 올리브유는 색보다 맛이 중요하다.

• VERANO •

———

2장

여름

푼티야스

Puntillas

·여름이 오면 오징어튀김에 맥주가 최고지!!·

스페인 남쪽에 위치한 안달루시아 지방은 튀김 요리로 유명하다. 올리브 나무가 수십 킬로씩 펼쳐진 안달루시아에는 좋은 기름이 많이 생산되고 가격도 싸서 일찍이 튀김 요리가 발달했을 것이다. 스페인에 와서 내가 먹어 본 많은 타파스 중 첫입에 반한 것이 푼티야스다. 바삭하게 튀긴 작은 갑오징어 타파스다. 지금도 내가 제일 좋아하는 타파스 중 한 손에 든다.

엄지손가락만 한 크기의 작은 갑오징어를 통째로 튀긴 푼티야스(혹은 초피토스Chopitos)는 스페인 전역에 알려져 있는데 여기서 소개하는 안달루시아 방식이 가장 유명하다. 비슷하지만 다른 조리법으로 어른 손바닥 크기의 작은 오징어 치피로네스Chipirones를 잘라 튀긴 음식을 치피로네스 아 라 안달루사Chipirones a la andaluza라 부른다. 또한 일반적인 크기의 오징어 칼라마레스Calamares를 잘라 튀긴 것을 칼라마레스 프리토스Calamares fritos라고 부른다. 안달루시아 조리법은 튀김 가루를 골고루 입힌 다음 손으로 툭툭 털어서 가루를 최대한 적게 묻혀 튀긴 것이 특징이다. 고소하면서도 오징어의 쫄깃한 식감을 최대한 만끽할 수 있다. 튀기자마자 소금을 적당히 뿌리고 접시에 담아 레몬이나 토마토를 곁들여 낸다. 어른이나 아이 할 것 없이 모두 좋아하는 요리 중 하나다.

튀김 요리는 확실히 집에서보다 밖에서 먹는 것이 맛있다. 적확한 온도를 유지하는 식당용 튀김 기계에서 뜨겁고 빠르게 튀긴 재료는 바삭한 식감이 살아 있다. 그럼에도 불구하고 꼴뚜기처럼 작은 갑오징어튀김이나, 둥글게 혹은 길게 썬 오징어튀김은 집에서 도전해 볼 만하다.

● 재료

작은 갑오징어 500g, 밀가루 120g, 옥수숫가루 100g, 소금 한 꼬집, 올리브유 적당량

● 요리법

1. 깨끗하게 손질한 작은 갑오징어를 먹기 좋은 크기로 자르고 키친타월로 물기를 제거한다.
2. 소금을 조금 뿌린다.
3. 크기가 넉넉한 그릇에 밀가루와 옥수숫가루를 섞은 후 갑오징어를 넣고 섞는다. 이때 가루가 너무 많이 묻지 않게 손바닥 위에 올려 가루를 털어 준다.
4. 깊이가 있는 프라이팬에 갑오징어가 충분히 잠길 정도의 기름을 넣고 160~180도 정도에서 오징어를 넣고 3~4분 정도 튀긴다.
5. 튀김용 기름종이로 기름을 제거한다. 스페인식으로 레몬, 토마토 혹은 샐러드와 곁들여 담는다.

타파스와 핀초스

푼티야스

가스파초
Gazpacho

집을 나서서 2분 정도 걸으면 해변에 도착할 수 있을 정도로 바다 가까이 살지만, 나는 뜨거운 여름과 강렬한 지중해 볕에 약한 사람이다. 특히 나이가 들면서 감기처럼 찾아오는 어지럼증 때문에 아침이나 해 질 녘에만 해변을 산책할 수 있다. 최악인 것은 한여름에 찬 음식을 먹으면 배탈이 나서 집 밖에서 얼음이 든 냉커피도 거의 못 마신다. 이렇게 여름에 약한 내가 건강하고 시원하게 더위를 이겨 낼 수 있게 도와주는 은혜로운 음식을 스페인에서 발견했다. 유레카!

가스파초다! 토마토와 싱싱한 여름 채소들을 잔뜩 넣어 갈아먹는 스페인 전통 여름 수프다. 얼핏 보면 걸쭉한 토마토 주스처럼 보이는데, 신선하고 개운한 맛에 눈이 맑아지는 기분마저 든다. 오목한 볼에 가득 담고, 조리하다 조금씩 남은 토마토, 파프리카, 오이를 잘게 썰어 토핑으로 올린다. 네모나게 썰어 굽거나 살짝 튀긴 빵 조각을 곁들이면 수프에 바삭한 식감이 더해져 훨씬 근사해진다. 스페인 전 지역에서 먹는 전통 음식이라서 조리법이 지방마다, 집마다 약간씩 다르다. 조리하는 이나 먹는 이의 입맛에 맞게 식재료를 조금 더하거나 뺄 수 있다. 슈퍼나 전통 시장에서도 주스처럼 제품화된 것을 손쉽게 구입할 수 있다. 슈퍼마켓에서 비싼 것을 선택하면 가정에서 조리한 것과 매우 흡사해서 일반적으로 많이 사 먹는다. 고기나 주요리를 먹기 전에 먹으면 여러모로 속이 편안한 전채 요리다.

가스파초는 토마토를 기본으로 하는 것이 일반적이지만 수박과 멜론으로 만들 수도 있다. 나는 여름 내내 거의 매일 수박을 먹는다. 커다란 수박을 사 왔는데 단맛이 적으면 바로 가스파초로 만들어 냉장고에 두고 시원하게 먹는다. 나뿐만 아니라 가족도 거의 매일 먹다시피 해서 여름 내내 우리 집 냉장고에 토마토와 수박이 없는 날은 드물다. 더위로 입맛이 잃기 쉬운 여름에 최고의 음식이다.

가스파초

타파스와 핀초스

• 재료(2~3인분)

잘 익은 토마토 320g(중간 크기 4개), 오이 20g, 빨간 파프리카 25g, 식빵 10g, 마요네즈 1큰술, 올리브유 4큰술, 셰리 식초* 1큰술, 양파 1/2개, 마늘 1쪽, 구운 빵 조각 40g(1~2cm 크기), 소금 약간, 후춧가루 약간, 물 6큰술

• 요리법

1. 마늘 1쪽, 껍질 벗긴 오이, 양파, 빨간 파프리카, 토마토를 적당한 크기로 썬다.
2. 준비한 ①에 식빵 10g과 물을 넣고 블렌더를 이용해 곱게 간다.
3. 곱게 간 ②를 고운 망으로 거른다.
4. ③에 올리브유, 식초, 마요네즈를 넣고 기호에 따라 소금과 후춧가루를 약간 넣어 잘 섞는다.
5. 잘 섞은 후 냉장고에 보관하여 시원해지면 수프 접시에 구운 빵 조각을 올려낸다.

TIP

- 망으로 거르지 않고 그냥 먹어도 괜찮다. 개인적으로 나는 안 거르고 먹는 걸 선호한다.
- 한 번에 넉넉하게 만들어 냉장고에 보관하면 2, 3일 동안 먹을 수 있다.

---

*   셰리 식초는 스페인어로 '비나그레 데 헤레스Vinagre de Jerez'로 스페인 안달루시아 지역에서 자란 백포도로 만든 식초다. 헤레스가 영어식으로 옮겨지며 셰리Sherry라고 발음되어 종종 오해를 낳는데, 스페인에 온 한국인이 이를 체리로 만든 술과 식초로 착각한 채 찾는 경우가 생각보다 많다.

당신은 소스를 얹은 네모난 감자튀김과 사랑에 빠질 것.

—

파타타스 브라바스

Patatas bravas

어쩌면 전 세계인이 성별과 나이 상관없이, 요리, 문화, 취향과 자부심을 다 뒤로하고 함께 스스럼없이 즐길 수 있는 음식은 감자튀김이 아닐까? 하지만 개인적으로 뚜렷한 맛도 개성도 없는 프랜차이즈 냉동 감자튀김을 좋아하지 않아서 감자튀김은 내게 식당에서 절대 사 먹지 않는 음식 중 하나였다. 그런데 카탈루냐식 감자튀김, 파타타스 브라바스를 먹어 본 후 편견이 사라졌다. 스페인에 도착해 처음 타파스를 먹으면서 내 무릎을 치게 만든 음식 순위를 매긴다면 첫째는 파타타스 브라바스일 것이다. 바르셀로나에 와서 나는 네모난 감자튀김 마니아가 되었고 지금도 '이 집 타파스의 진수를 알려면 브라바스를 먹어 봐야 해'라는 신념 비슷한 걸 가지고 있다. 가장 기본적인 요리를 잘하는 집이라면 다른 음식도 맛있게 마련이라는 믿음 같은 것.

파타타스 브라바스는 겉이 바삭하고 속이 촉촉한 식감을 지닌 감자튀김이다. 감자를 바로 튀기는 것이 아니라 먼저 속까지 잘 익게 삶아서 튀긴다. 이와 곁들여 먹는 매콤한 소스도 기막힌 조화를 만들어 낸다. 대부분의 스페인 식당에서도 사용하고 가정에서도 쉽게 만들 수 있는 소스로는 케첩, 마요네즈와 타바스코를 섞는 것이다. 제대로 만든 소스는 토마토를 익혀 타바스코처럼 매운 소스를 첨가한 것인데 깔끔한 맛이 난다. 내가 가장 좋아하는 소스는 마늘 향이 알싸한 알리올리Allioli 소스를 곁들여 먹는 것이고 이 방식이 카탈루냐 전통식이다.

● 재료(2인분)

감자 500g(중간 크기 3개), 토마토 3개, 타바스코 소스 1큰술, 올리브유 200ml, 소금 한 꼬집

● 요리법

1. 냄비에 깨끗하게 씻은 감자와 소금을 조금 넣고 통째로 삶는다. 80% 정도 익은 감자를 건져 먹기 좋은 크기로 네모나게 자른다.

2. 프라이팬에 올리브유를 넣고 뜨거워지면 썬 감자를 노릇하게 튀긴다.

3. 노릇하게 튀겨진 감자의 기름을 빼는 동안, 작은 프라이팬에 올리브유를 두르고 껍질을 벗기고 작게 썬 토마토를 익혀 소스를 만든다. 토마토가 익으면 타바스코나 매운맛 소스를 첨가한다. 기호에 맞는 매운맛은 타바스코의 양으로 조절한다.

4. 감자튀김 위에 타바스코 토마토소스를 뿌려 낸다.

TIP

• 올리브유 대신 다른 식물성 기름을 사용해도 좋다.

• 기호에 따라 소금을 첨가한다. 튀긴 감자는 차갑게 먹어도 맛있다.

• 전통 카탈루냐 지방식은 알리올리 소스(만드는 방법은 103쪽 참고)를 곁들여 먹는데 매운 토마토소스를 섞어 핑크빛이 도는 소스를 사용하기도 한다. 스페인의 다른 지역에서는 매운 토마토소스를 곁들인다.

• 간단하게 케첩과 마요네즈를 2:1 비율로 섞고 타바스코와 소금을 넣어 소스를 만들어 먹을 수 있다. 매운맛과 짠맛은 원하는 만큼 맛을 보면서 조절한다.

타파스와 핀초스

파타타스 브라바스

• 부드럽고 짭조름한 맛의 조화 •

—

엔살라디야 루사 콘 안초아스 델 칸타브리코

Ensaladilla rusa con anchoas del cantábrico

• **재료(10개)**

엔살라디야 루사용(감자 400g, 당근 3개, 달걀 2개, 삶은 완두콩 4큰술, 캔 참치 100g, 씨 뺀 올리브 50g, 구운 파프리카 1/4개, 소금 한 꼬집, 마요네즈 4~5큰술), 올리브유에 절인 안초아 10쪽, 바게트 10조각, 이쑤시개, 파슬리잎 10장

• **요리법**

1. 엔살라디야 루사를 만든다(만드는 방법은 36쪽 참고).
2. 길게 어슷썰기한 바게트 빵 위에 엔살라디야 루사를 넉넉히 올리고 위에 안초 아와 파슬리를 올려 완성한다.

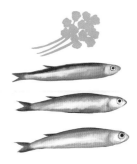

토르티야 파이사나

Tortilla paisana

이름값을 하는 듯이 스페인 대표 음식으로 알려진 토르티야는 매우 다양한 조리법이 존재한다. 가장 일반적인 토르티야는 감자와 달걀을 기본으로 한다. 만들어 놓으면 프리타타Frittata와 비슷한 음식으로 재료의 조합도 다양하다. 수많은 조리법 중 영양 균형이 맞는 건 역시 토르티야 파이사나, 농부의 토르티야다. 아마도 농부들이 오전의 고된 일을 마치고 빈속을 채우기 위해 생고기 대신 저렴한 초리소를 사용한 것에서 음식 이름이 유래한 것이 아닌가 짐작해 본다. 튀긴 감자에 각색의 채소, 초리소와 남은 하몬 조각을 다 넣은 뒤 달걀과 버무려 지져 내면 한 끼로 완벽한 음식이 완성된다. 스페인 사람들이 일상을 살아가는 데 중요한 먹거리이자 에너지원이다. 나도 허기를 느끼거나 기운이 없을 때 머릿속에서 제일 먼저 떠오르는 것이 토르티야인 걸 보면 '이곳 사람 다 되었구나'라는 생각을 한다. 전통적인 바에는 반드시 토르티야가 있고 심지어 샌드위치를 파는 커피숍에도 토르티야 샌드위치가 있다. 언제 어디에서나 먹을 수 있는 토르티야는 이방인에게 소울 푸드가 돼 주기도 한다.

● 재료(2인분)

달걀 4개, 감자 3개(중간 크기), 대파 1/2개, 매운 고추 1/2개, 홍고추 1/2개, 완두콩 한 줌, 당근 1개, 하몬 세라노 30g, 훈제 베이컨 30g, 초리소 30g, 올리브유(또는 다른 식물성 기름) 적당량, 소금 약간

● 요리법

1. 감자 껍질을 벗기고 씻어서 2~3cm 정도 크기로 네모나게 썬다.
2. 대파, 고추, 양파를 잘게 채 썰고 당근을 1cm 정도 크기로 네모나게 썬다.
3. 팬에 감자가 잠길 정도로 기름을 넣고 튀긴다.
4. 5분간 감자를 익힌 후 기름을 덜어낸다. 준비한 야채를 팬에 넣고 모든 재료가 부드러워질 때까지 저어 주며 익힌다.
5. ④에 물기를 제거한 완두콩, 잘게 썬 베이컨, 작게 깍둑썰기한 하몬과 초리소를 넣고 5분 정도 더 볶는다.
6. 넉넉한 용기에 달걀을 풀어 소금으로 간하고 ⑤를 넣고 섞는다.
7. 깨끗한 프라이팬에 기름을 1작은술 넣고 예열한 후 ⑥을 붓고 중불에서 몇 분 동안 두었다 뒤집어 양면을 익힌다.

초리소

•이름은 가난하지만 놀랍고 매력적인 감자 요리•

—

파타타스 아 로 포브레

Patatas a lo pobre

파타타스 아 로 포브레, '가난한 사람들을 감자'라니! 번역하고 나면 '음식 이름으로는 흠, 뭐랄까 식욕이 돌지 않은 그런 이름이 아닌가?'라는 생각이 든다. 하지만 보잘것없는 이름을 지닌 이 음식에 한번 맛을 들이고 먹기 시작하면 멈출 수 없다. 그런 특별한 음식이다. 스페인 음식을 먹을 때 빠지면 서운한 곁들이가 '가난한 사람들의 감자'라는 이름을 갖게 된 것은 전쟁 이후부터다. 부엌이나 식료품 저장고에 먹거리가 떨어지고 부족했던 시절에 감자, 양파, 마늘, 후추처럼 가난한 이들도 구할 수 있고 오랫동안 보관이 쉬운 식재료로 조리한 것에서 유래한다. 감자 요리 하나로 온 가족의 끼니를 해결하기 위해 시대가 만든 맛있는 음식이다. 먹거리가 풍부해진 요즘은 달걀, 하몬, 각종 엠부티도를 곁들여 조리하기도 하고 고기나 생선 같은 주요리에 많이 곁들여 먹는다. 다음에 소개하는 안달루시아식 가정식 파타타스 아 로 포브레는 친구에게 배운 조리법인데 최고다!

이 음식은 메인 요리에 감칠맛을 돋워 준다. 다른 요리 없이 달걀프라이를 올려 먹으면 식사 대용으로도 완벽하다. 마음을 훈훈하고 든든하게 채워 주는 음식이다.

• 재료(3~4인분)

감자 4개, 양파 1개, 마늘 3쪽, 피망 1개, 올리브유 적당량, 신선한 파슬리 1큰술(다진 것), 소금 한 꼬집, 후춧가루 한 꼬집, 화이트 와인 식초 약간

• 요리법

1. 감자는 2cm 정도의 두께로 깍둑썰고 피망과 양파는 네모나게 썬다.
2. 깊이가 있는 프라이팬에 준비한 ①이 잠길 정도로 올리브유를 넣고 천천히 익힌다.
3. 약한 불에서 15분 정도 익히면 기름이 끓기 시작하는데 그때 불을 강하게 키워 재료를 노릇하게 튀기듯 익힌다.
4. 감자가 갈색으로 변하면 중불로 줄여 5~10분 정도 둔다.
5. 재료가 충분히 익은 걸 확인한 후 체를 이용해 기름을 전부 걸러 낸다.
6. 접시에 담은 뒤 화이트 와인 식초 몇 방울과 다진 파슬리를 뿌린다. 기호에 따라 소금과 후춧가루로 간을 한다.

타파스와 피초스

파타타스 아 로 포브레

하몬, 토마토, 안초아 조합이 만든 스페인 핀초스의 대표 메뉴

—

하몬 콘 토마테,
안초아스 이 비나그레타

Jamón con tomate, anchoas y vinagreta

• 재료(10개)

하몬 이베리코 10조각, 토마토 2개, 흰 양파 1개(중간 크기), 붉은 파프리카 1개, 홍고추 1개, 올리브유에 절인 안초아 10쪽, 바게트 10조각, 엑스트라 버진 올리브유 3~4큰술, 비나그레타 4~5큰술

• 요리법

1. 프라이팬에 약간의 엑스트라 버진 올리브유를 두른 뒤 빵을 갈색으로 굽고 키친타월에서 기름기를 뺀다.

2. 비나그레타를 준비한 다음 흰 양파, 파프리카, 홍고추를 다진 후 잘 섞어 야채 비나그레타를 만든다.

3. 길게 어슷썰기한 바게트 위에 토마토, 하몬, 안초아를 순서대로 쌓고 ②를 한 숟가락 추가한다.

TIP

비나그레타는 식초와 엑스트라 버진 올리브유를 1:3의 비율로 섞은 후 약간의 소금과 후춧가루를 더한 것이다.

호박전, 하몬, 치즈의 놀라운 조합

칼라바신 콘 하몬 이 케소

Calabacín con jamón y queso

● 재료(12개)

애호박 1개, 하몬 12조각(얇게 썬 것), 바게트 12조각, 슬라이스 치즈 12조각, 피미엔토 델 피키요 1/2개, 달걀 1~2개, 엑스트라 버진 올리브유 3~4큰술, 이쑤시개

● 요리법

1. 호박을 어슷하게 썬다.
2. 달걀 푼 물에 호박을 적신 다음 올리브유를 두른 프라이팬에서 부친다. 키친타월을 이용해 기름기를 뺀다.
3. 길게 어슷썰기한 바게트 크기에 맞게 하몬과 치즈를 자른다. 하몬 위에 슬라이스 치즈를 올려 준비한다.
4. ③의 하몬이 프라이팬에 닿게 올리고 올리브유에 굽는다. 하몬이 타지 않도록 약불로 조리한다. 치즈가 녹기 시작하면 꺼내 접시에 둔다.
5. 빵 조각의 크기에 따라 호박을 하나 혹은 두 개를 올린 뒤 이어서 하몬과 치즈 구운 것을 올린다. 그 위에 호박 한 조각을 더 추가한다. 마지막으로 매우 얇게 썬 피미엔토 델 피키요 조각을 장식하고 이쑤시개로 고정한다.

TIP

스페인에서는 빨간 파프리카를 구워 껍질을 벗기고 썬 뒤 올리브유와 소금을 뿌려 간한 것을 피미엔토 델 피키요Pimientos del piquillo라고 한다. 장식적인 용도니 없으면 빼도 무방하다. 색을 내기 위해서 빨간 파프리카를 잘게 잘라 장식해도 된다.

—

풀포 아 라 가예가

Pulpo a la gallega

폴포 아 라 가예가는 북쪽 갈리시아 지방식 문어 요리다. 대서양을 접한 갈리시아 지방은 질 좋은 해산물이 풍부하고 비가 충분히 내려 초록의 너른 녹지에 소를 풀어 키워 소고기로도 유명하다. 뭐니 뭐니 해도 부드럽게 삶은 뒤 살짝 구워 불맛이 나는 문어 요리는 가히 최고의 스페인 요리로 꼽을 만하다. 일반적으로 삶은 문어에 감자를 곁들인 뒤 올리브유와 달콤한 파프리카가루를 뿌려 뜨겁게 먹는데 차갑게 먹어도 맛있다.

문어를 야들야들하게 조리하는 자체가 쉽지 않다. 갓 잡은 문어는 바위에 여러 번 치면 육질이 연해진다고 한다. 시장에서 산 문어를 부드럽게 삶는 요령만 터득하면 그다음 단계는 정말 쉬운 맛있는 요리다. 모든 요리가 그렇듯 문어 삶는 것도 반복할수록 요령이 생긴다. 문어 삶는 전문가에게 물어보면 제각기 다른 방식을 알려 준다. 하지만 다행히 스페인 시장이나 슈퍼마켓에서 삶은 문어를 쉽게 구입할 수 있다. 혹시 한국 가정에서나 식당에서 문어 요리를 하고 싶은 사람을 위해 가장 많이 알려진 갈리시아의 전통적인 문어 삶는 비법 중 하나를 공개한다.

● 재료(4인분)

문어 2~3kg, 감자 1kg, 붉은 파프리카가루 1작은술, 엑스트라 버진 올리브유 4큰술, 굵은소금 한 꼬집

● 요리법

1. 커다란 냄비에 물을 넉넉히 넣고 문어를 삶는 동안 감자를 씻어 반으로 잘라 준비한다.
2. 문어가 충분히 익었을 때 물속에 그대로 몇 분간 뜸을 들인 다음 꺼낸다.
3. 문어를 삶은 물에 감자를 넣고 15분 정도 삶는다.
4. 문어의 다리를 1cm 두께 정도로 자르고 머리는 먹기 좋은 한입 크기로 자른다.
5. 접시 위에 1cm 두께로 자른 감자를 깔고 위에 문어를 올린다.
6. 굵은소금으로 간을 하고 파프리카가루(매운 것 또는 달콤한 것)와 엑스트라 버진 올리브유를 뿌린다. 문어와 감자를 삶은 물을 조금 뿌리기도 한다.

TIP 갈리시아식 문어 삶는 비법

시장에서 싱싱한 것을 구입한 경우에는 냉동실에서 얼렸다 냉장실에서 천천히 해동한 후 삶는 것이 갈리시아 방식이다. 문어를 연하고 맛있게 삶은 방법을 간단히 소개한다.

1. 집에 있는 가장 큰 냄비에 넉넉히 물을 넣고 센불에 끓인다. 소금은 넣지 않는다.
2. 물이 끓기 시작하면 문어의 머리 부분을 잡고 뜨거운 물에 넣었다 빼는 과정을 세 번 반복한다. 이는 문어의 쫄깃한 식감을 유지하고 껍질이 벗겨지지 않도록 하기 위해서다.
3. 냄비에 문어를 통째로 넣는다. 문어 크기에 따라 중불로 약 30~40분 동안 삶는다(일반적으로 2kg 정도 무게의 문어를 요리하는 데 30~35분 정도면 충분하다).
4. 끓이는 중간 뾰족한 칼끝으로 가끔 찔러 본다. 칼끝이 쉽게 들어가면 다 익은 것. 너무 오래 삶으면 질겨지니 주의한다!

풀포 아 라 가예가

• 대구와 각종 채소로 만든 샐러드 •

———

에스케이사다

Esqueixada

카탈루냐 전통 요리로 소금에 절인 대구의 소금기를 빼고 잘게 찢어 만든 에스케이사다는 다른 어떤 샐러드와 비교할 수 없는 독특한 식감과 맛을 지닌 별미다. 염장 대구는 스페인에서 흔하게 먹는 생선이라 구하기 쉽지만, 한국에서 비슷한 식감과 맛을 내려면 생대구를 굵은소금 속에 하루 정도 묻어 냉장고에 두었다 씻어 사용해 보자. 반건조 오징어처럼 씹는 맛이 달라진다. 에스케이사다에 들어가는 재료들은 지중해 근방에서 일상적으로 구할 수 있고 건강식으로 꼽히는 것들이다. 준비한 모든 재료를 섞기 전에 대구를 30분 정도 냉장고에 시원하게 두었다 먹으면 훨씬 더 맛있다. 민트를 곁들여 차갑게 먹으면 신선하면서도 대구의 깊은 풍미를 즐길 수 있는 여름 샐러드가 된다.

샐러드라고 하지만 양상추는 전혀 사용하지 않은 지중해식 요리다. 처음 먹어 보았을 때는 샐러드보다 안주로 좋겠다는 생각을 했던 것 같다. 살짝 짭조름하고 고들고들한 식감의 대구 살과 토마토, 양파, 올리브, 민트잎의 조화라니! 차가운 백포도주에 곁들여 먹으면 무더위도 견딜 만하다! 여름철 별미니까!

• 재료(4인분)

염장 대구 500g, 양파 2개, 토마토 2개, 블랙 올리브 100g(씨를 제거한 것), 소금 한 꼬집, 엑스트라 버진 올리브유 4~5큰술, 셰리 식초 1~2큰술

• 요리법

1. 양파 껍질을 벗기고 다진다.
2. 토마토를 씻어서 1cm 정도 크기로 네모나게 썬다.
3. 올리브의 물기를 빼고 동그란 고리 모양으로 자른다.
4. 여러 번 씻어 소금기를 뺀 대구를 잘게 찢어 그릇에 담는다.
5. 양파, 토마토, 올리브를 추가한다.
6. 모든 재료가 잘 섞이도록 저어 준다.
7. 엑스트라 버진 올리브유, 셰리 식초, 소금으로 간을 한다.

TIP 대구의 소금기 빼는 법

절인 대구 살이 부스러기라면 3시간마다, 중간 크기로 자른 토막이라면 6시간마다, 큰 토막이라면 12시간마다 물을 갈아 준다. 짠 기가 빠질 정도로 여러 번 물을 갈아 줘야 한다. 대구 살을 조금 찢어 맛보고 먹기 좋은 정도의 적당한 짠맛이 나면 마지막으로 헹구면 된다.

타파스와 핀초스

에스카이사다 식당에서 전통 음식을 접시에 아름답게 담고 자신들만의 방식으로 표현하는 것이 유행이다.

스페인 요리를 위한
소스 완전 정복

알리올리 소스

스페인 음식의 특징은 마늘을 음식의 향을 내는 기본 재료로 사용한다는 점이다. 어지간한 요리는 프라이팬에 올리브유를 두르고 마늘을 볶는 것으로 시작한다. 스페인에 20년 넘게 산 나는 여전히 스페인 사람들의 마늘 사랑에 놀란다. 전통 시장에 가거나 상점에 가면 마늘잎을 긴 머리 땋듯이 예쁘게 꼬아 엮은 마늘이 매달려 있는 것을 흔히 볼 수 있다. 심지어 내가 사는 카탈루냐 지방에서는 거의 모든 빵에 마늘을 곁들여 먹는다고 해도 과언이 아니다. 구운 빵에 생마늘 반쪽을 잘라 골고루 문지른 후 잘 익은 토마토를 문지르고 소금과 올리브유를 살살 뿌려 먹는 판 콘 토마테Pan con tomate라는 것을 자랑스레 여기기까지 한다. 빵에 마늘을 문질러 먹다니! 아쉽게도 굽지 않은 빵은 단면이 부드러워 마늘을 싹싹 문지를 수 없다. 하지만 알리올리 소스만 있으면 갓 구운 빵에 마늘 향이 듬뿍 나는 크림처럼 발라 먹을 수 있다. 알리올리 소스는 카탈루냐 음식에서 중요한 소스로, 보기엔 마요네즈와 비슷하지만 마늘 향이 강해 음식과 곁들여 먹으면 풍미가 높아진다.

이 소스만 있으면 나는 고기의 노린내도 잊고 맛있게 양 갈비를 뜯을 수 있다. 오징어 먹물로 만든 볶음밥 아로스 네그레Arròs negre에 알리올리 소스를 곁들이면 마늘 향이 어우러진 부드러운 소스 덕에 요리의 식감이 한층 풍요로워진다. 검은 쌀 요리에 하얀 알리올리 한 점을 상상해 보라! 특히 카탈루냐식 감자튀김 파타타스 브라바스와 철판에 구운 달팽이 요리인 카르골 암 알리올리Cargols amb allioli와 알리올리 소스는 떼어 낼 수 없는 궁합을 자랑하는 짝꿍이다.

친구나 가족들과 바비큐라도 하는 주말이면 자칭 알리올리 소스 선수들이 팔을 걷고 전통적인 방식으로 블렌더를 쓰지 않고 소스를 만든다. 우리네 작은 절구처럼 생긴 모르테로Mortero에 먼저 소금과 레몬즙과 마늘을 넣고 나무 방망이로 곱게 찧는다. 다음 단계로 올리브유를 아주 조금씩 흘려 넣어 가며 둥근 절구 모양을 따라 한 방향으로 저어 주고, 다시 기름을 조금씩 넣어 가며 같은 방향으로 저어 주기를 반복한다. 이때 기름을 넣는다고 손을 멈추면 안 된다. 그래서 2인조로 만들어야 완벽한 수제 알리올리를 얻을 수 있다. 매우 쉽게 들리지만 처음에는 성공률이 매우 낮다. "알리올리가 끊어진다Alioli cortado"는 말이 있을 정도다. 한 방향으로 저으며 같은 속도로 섞는 것과 사이사이 올리브유를 조금씩 넣는 기술이 성공 비법이란다. 마늘이 기름과 합쳐져 크림화되면 윤이 나기 시작하는데, 그 순간 만드는 이들의 얼굴에서 성공한 자의 미소를 볼 수 있다. 카탈루냐와 발렌시아 지방, 지중해의 섬에서 많이 먹지만 이제는 스페인 전역과 이탈리아에서 흔히 맛볼 수 있는 대표 소스로 유명하다.

타파스와 핀초스

아래에 달걀이 들어가고 블렌더를 이용해 마요네즈처럼 손쉽게 만들 수 있는 조리법을 소개한다.

● 재료(2~4인분)
달걀 8개, 올리브유 125ml, 마늘 5쪽, 소금 한 꼬집, 레몬즙 1큰술

● 요리법
1. 블렌더에 손질한 마늘과 달걀, 소금, 레몬즙을 넣고 간다.
2. 가는 동안 올리브유를 천천히 조금씩 부어 가며 마요네즈처럼 크림 상태로 만든다.

모르테로에서 만든 알리올리 소스

소프리토 소스

'스페인 요리를 할 때 맛을 내는 가장 중요한 소스가 뭘까?'라는 질문에 여러 가지 소스가 머릿속에 떠올랐지만 역시 소프리토 Sofrito를 음식 맛을 내는 기본이며 가장 중요한 소스로 꼽겠다. 소프리토의 쓰임은 방대해서 그냥 맛있는 소프리토만 있으면 웬만한 스페인 요리는 아주 쉽게 맛을 낼 수 있다. 다양한 종류의 파에야를 시작으로 홍합 파스타, 홍합찜, 생선 수프, 고기 요리 등에 사용한다. 토마토, 양파, 마늘을 함께 볶아 넣은 것이라 음식에 넣으면 맛있는 스페인 요리가 뚝딱 만들어진다. 한 번 만들 때 넉넉히 준비해 열탕 소독한 작은 병에 넣어 보관하면 오랫동안 먹을 수 있어 스페인 가정에서 소프리토 소스를 만드는 날은 매콤하고 시큼하고 달달한 냄새가 집 안에 진동한다. 마치 김장 양념을 준비하는 날처럼 집 안 가득 잔칫집 냄새가 난다.

소프리토를 만드는 날엔 우리 집에서는 홍합찜을 준비해 파스타를 삶아 소스에 비벼 먹는다. 싱싱한 홍합에서 나온 즙과 소프리토가 어우러져 최고의 파스타를 즐길 수 있기 때문이다. 천천히 자작하게 졸이듯 끓이면 늘 만족스러운 결과가 나온다. 예전에는 생토마토를 사서 껍질을 까고 오랜 시간 가열해 만들었지만 요즘에는 간이 안 된 토마토소스를 손쉽고 저렴하게 구입할 수 있어 자주 사용한다. 거기에 다져 볶은 양파와 마늘을 넣고 향신료를 더한 뒤 다시 끓이면 아주 고급스러운 맛으로 변한다. 물론 스페인의 슈퍼마켓에 가면 소프리토를 구입할 수 있다. 일반 토마토소스에 비해 양이 적고 비싸지만 급할 때 요리에 사용하기에 용이하고 맛도 좋은 편이다.

아! 소프리토는 피자를 만들어 먹을 때 사용하면 아주 그만이다. 양파를 싫어하는 아이들에게도 최고다. 양파를 씹는 식감도 안 나고 달달한 맛이 나기 때문에 일반적인 토마토소스를 사용하는 것보다 더 맛있다.

• 재료

100g용: 무염 토마토소스 2큰술, 올리브유 1큰술, 마늘 1쪽, 양파 300g, 허브 타임 약간, 로즈메리 약간, 월계수 1/2잎, 소금 한 꼬집

350g용: 무염 토마토소스 225g 올리브유 120ml, 마늘 40g, 양파 1kg, 타임 1g, 로즈메리 1g, 월계수 잎 0.5g, 소금 2g

• 요리법

1. 간 마늘을 올리브유를 두른 프라이팬에 넣고 노릇하게 볶는다.
2. ①에 잘게 다진 양파를 함께 넣어 볶는다.
3. 준비된 허브들을 넣고 불을 약하게 줄이고 주걱으로 젓는다.
4. 양파가 갈색이 되도록 익으면 준비한 토마토소스의 4/5를 넣고 섞는다.
5. 토마토소스가 끓으면 나머지와 소금을 조금 넣고 30분 정도 천천히 더 끓인다.

ROMESCO
Ferrer
ROMESCO
NUESTRA RECETA TRADICIONAL

ROM
Ferrer

Ferrer
SALSA
BRAVA

Ferrer
ROMESCO
NUESTRA RECETA TRADICIONAL

ROMESCO
Conserves del Vallès
FELIUBADALO
AMETLLA DEL VALLES
BARCELONA   SPAIN   180 ml

ROMESCO
Conserves del Vallès
FELIUBADALO
AMETLLA DEL VALLES
BARCELONA   SPAIN   180 ml

Ferrer
ALL I OLI
ESTILO CASERO • SIN HUEVO

1,95 €

SALSA BRAVA
320,00 GR
3,07 €

FELIUBADALO
SALSA ROMESCO
180,00 GR
2,55 €

FERRER
ALL I OLI 130,00 GR
2

.eco
Molí de Pomerí
uttanesca

.eco
Molí de Pomerí
Arrabiata

.eco
Molí de Pomerí
Tomate con
Verduras

Molí de Pomerí
MP
Xató

Molí de Pomerí
MP
Xató

Molí de Pomerí
MP
Romesco

Molí de Pomerí
MP
Romesco

Molí de Por
MP
Romesc

MOLI DE
SALSA ARRABIATA
200,00 GR
eco **2,75** €

MOLI DE
SALSA TOMAQUET-
VERD 200,00 GR
eco **2,75** €

MOLI DE
SALSA XATO 90,00
GR
2,10 €

60 €

de la
nostra
terra

MOLI DE
SALSA ROMESC
95,00 GR

스페인 마트에서 판매하는 다양한 소스

피카다 소스

피카다Picada는 카탈루냐 요리에서 중요한 소스다. 잘게 썬 아몬드, 마늘, 파슬리를 함께 갈아 만든 소스로 요리의 마지막 단계에 추가하는 조미료 같은 역할을 한다. 피카다는 알리올리나 로메스코Romesco처럼 독립형 소스가 아니라 요리에 첨가해 맛과 향을 풍부하게 하는 소스다. 고기, 생선, 쌀, 야채 등을 사용한 다양한 요리에 넣는다. 피카다도 만들 때 넉넉히 만들어 냉장 보관을 하면 오래 두고 쓸 수 있다.

● 재료
껍질을 벗긴 아몬드 10개, 마늘 2쪽, 튀긴 빵 1조각, 파슬리 한 줌, 물 1/2컵, 소금 한 꼬집

● 요리법
1. 마늘, 아몬드, 빵, 파슬리를 절구나 블렌더에 넣고 소금과 함께 으깨거나 간다.
2. ①이 잘 섞이면 물을 넣고 저어 준다.

TIP
더 강한 맛을 좋아한다면 물 대신 화이트 와인을 첨가한다.

브라바 소스

파타타스 브라바스라고 불리는 감자튀김에 곁들여 먹는 소스다. 다른 튀김에 곁들여 먹어도 맛있다. 매콤한 브라바Brava 소스는 마드리드에서 만들어졌다고 한다. 현재는 스페인 전역에서 맛볼 수 있다. 지방마다 매운맛의 강도가 조금씩 다르며 다양한 조리법이 존재한다.

● 재료

무염 토마토소스 250ml, 양파 1개, 마늘 1쪽, 매콤한 파프리카가루 1큰술, 매운 고춧가루Cayena Molida 1/2큰술, 설탕 1큰술, 식초 1~2방울, 엑스트라 버진 올리브유 2큰술, 소금 한 꼬집

● 요리법

1. 양파와 마늘을 다진다.
2. 프라이팬을 불에 올리고 올리브유를 두른 뒤 양파, 마늘, 소금 한 꼬집을 넣고 볶는다. 양파가 익으면 고춧가루, 파프리카가루, 설탕, 식초를 추가한다.
3. ②에 토마토소스를 넣고 10분간 더 끓인다. 시판용 토마토소스를 구할 수 없다면 집에서 토마토 껍질을 벗긴 뒤 익혀 만든다.
4. 함께 끓인 것을 블렌더에 넣고 곱게 간다.

타파스와 핀초스

로메스코 소스

로메스코는 카탈루냐 지방 내 타라고나 지역에서 즐겨 만들어 먹는 차가운 소스다. 해산물, 고기, 달팽이 요리나 굽거나 튀긴 채소 요리 등에 함께 제공된다. 뭐니 뭐니 해도 로메스코와 파 구이 칼솟(채소도, 요리도 모두 칼솟이라 부른다)은 찰떡같은 궁합으로 세계인들의 사랑을 받고 유명해졌다. "칼솟을 굽는다"라는 뜻의 칼솟타다Calçotada는 카탈루냐 서부 지역의 발스Valls, 알트 캄프Alt Camp 지역에서 유래된 전통 음식으로 겨울이 끝나고 봄이 시작되는 동안 맛볼 수 있다. 19세기 말 발스 마을에 살았던 농부가 우연히 양파를 잡풀에 구워 먹은 것에서 유래했다고 한다. 칼솟은 대파와 비슷하게 생겼지만 양파과의 채소다. 양파의 초록 순이 올라오면 뿌리가 둥글게 크기 전에 뽑았다가 다시 심어 파처럼 길게 키운다. 그걸 겨울에 뽑아 마당에 잡풀과 잔가지를 모아 불을 지핀 후 불꽃에 연한 양파를 새까맣게 태워 껍질은 벗겨 내고 익은 하얀 속 부분만 로메스코 소스(혹은 카탈루냐어로 살비차다Salvitxada)에 푹 찍어 먹는다. 칼솟을 요리한 불에 통나무를 넣고 태워 숯을 만든 다음, 여기에 주요리로 고기, 스페인 소시지, 감자, 아티초크를 구워 먹는다. 이때 로메스코는 빠질 수 없는 중요한 소스로 현재는 스페인 전 지역에서 즐겨 먹는 국민 소스다.

뇨라

● 재료(6인용)

잘 익은 토마토 3개, 마늘 1통, 뇨라Ñora 2개, 구운 아몬드 15g, 구운 헤이즐넛 15g, 빵 1조각, 엑스트라 버진 올리브유 250ml, 식초 100ml, 달콤한 파프리카가루 1작은술, 소금 한 꼬집

● 요리법

1. 뇨라를 밤새 또는 최소 4~5시간 동안 물에 담가 둔다. 물에 불은 뇨라의 씨를 제거한 후 용기에 담는다.

2. 오븐을 약 200도로 예열하고 토마토와 마늘을 트레이에 넣어 굽는다. 토마토는 약 15~20분 정도 소요되고 마늘은 시간이 조금 덜 걸린다.

3. 오븐에서 푹 익힌 토마토의 껍질을 제거하고 마늘 껍질도 제거한다.

4. 구운 아몬드와 헤이즐넛도 껍질을 벗긴다.

5. 빵 한 조각을 굽는다.

6. 토마토와 마늘을 식힌 다음 엑스트라 버진 올리브유, 식초, 토마토, 마늘, 뇨라, 견과류, 빵 등의 모든 재료를 블렌더에 넣고 간다. 마지막으로 달콤한 붉은 파프리카가루, 소금을 넣고, 매운맛을 원하면 매운 고춧가루를 한 꼬집 넣어 매콤한 맛을 더한다. 소금 또는 식초로 추가 간을 맞춘다.

TIP

뇨라는 모양이 둥근 고추로 주로 말려 보관하고, 요리 전 물에 불려 조리 시 양념에 사용한다.

베샤멜 소스

베샤멜 소스는 프랑스가 원조이지만 스페인에서도 많이 사용하는 기본 소스다. 우유, 버터, 밀가루를 섞어 끓여 만드는데, 다른 소스를 만들 때 추가하면 걸쭉하고 부드러워진다. 맛과 향도 풍부해지는 효과가 있다.

● 재료
우유 1l, 버터 130g, 밀가루 130g, 소금 한 꼬집

● 요리법
1. 버터를 냄비에 넣고 불에 올려 녹인다.
2. 밀가루를 첨가하고 저어 준다. 우유를 조금씩 넣어 가며 저어 주고, 하얀 거품이 보이면 불을 서서히 줄인다.
3. 걸쭉해지면 소금을 추가하고 불을 끈다.

비나그레타 소스

    샐러드에 채소, 파스타, 견과류, 콩류, 치즈, 소시지, 생선 등 사용하지 않는 재료가 없는 것처럼 샐러드에 칠 수 있는 드레싱도 무한하다. 유럽에 처음 와서 맛본 수많은 소스의 신세계에서 가장 내 입맛을 사로잡은 것은 단연코 비나그레타였다. 비슷한 재료가 들어가지만 맛은 집마다, 식당마다 달라 마법을 맛본 기분이 든다. 그 기분은 여전하다. 이 세계는 유행하는 식재료와 더불어 빠르게 변화한다. 그래서 더 매력적이다.

    기본 비나그레타(식초와 올리브유를 1:3의 비율로 섞은 후 약간의 소금과 후춧가루를 더한 것)는 맛을 보장하지만 여기에 약간의 향신료를 추가하면 더할 것 없이 근사한 소스로 변신한다. 그래서 개인적으로 가장 많이 사용하고 좋아하는 비나그레타 몇 가지를 소개한다. 제철 과일과 향이 다른 각종 허브 등을 이용하면 같은 상추를 먹어도 확실히 맛이 달라지는 새로운 경험과 즐거움을 느낄 수 있다. 그럼, 비나그레타의 세계에 함께 빠져 보자.

딸기 비나그레타 Vinagreta de fresa

● 재료

딸기 250g, 올리브유 40ml, 발사믹 식초 40ml, 꿀 5ml, 겨자 5ml, 소금 약간, 후춧가루 약간

● 요리법

1. 딸기를 퓌레처럼 절구에 곱게 간다.
2. 곱게 간 딸기에 올리브유를 조금씩 첨가하며 유화될 때까지 절구에 곱게 갠다.
3. 꿀과 겨자, 소금으로 간을 하고 후춧가루를 입맛에 맞게 첨가한다.

그린 소스 Salsa verde

● 재료

파슬리잎 10g(또는 양상추잎 3장), 양파 1/4개, 삶은 달걀노른자 2개, 식초 10큰술, 올리브유 1/2컵, 소금 한 꼬집

● 요리법

1. 양상추 혹은 파슬리를 절구에 으깬다(양상추의 경우 살짝 데쳐 사용한다).
2. 다진 양파, 삶은 달걀노른자 2개와 소금을 넣는다.
3. 올리브유와 식초를 추가한 다음 냉장고에 1~2시간 정도 두었다 사용한다.

타파스와 핀초스

비나그레타 트리시클로 Vinagreta triciclo

● 재료

마늘 2쪽, 올리브유 1/2컵, 사과 식초 10큰술, 간장 4큰술

● 요리법

1. 마늘을 잘게 썰어 팬에 올리브유 1/2컵을 넣고 갈색으로 굽는다. 마늘이 구워
   지면 꺼내 따로 보관한다.
2. 마늘을 구운 올리브유에 간장, 사과 식초를 섞어 거품기로 유화시킨다.
3. 노릇한 마늘 칩을 추가한다.

이집트 비나그레타 Vinagreta egipcia

● 재료

올리브유 2~3큰술, 레몬즙 3~4큰술, 커민가루 1작은술, 민트잎 16장(한 줌), 후춧
가루 한 꼬집

● 요리법

1. 모든 재료를 블렌더로 섞고, 필요한 경우 소금으로 간한다.

올리브유와 식초의 무한한 조합과 가능성

비나그레타의 기본 재료(기름, 식초)에 좋아하는 재료를 추가하면 다양한 비나그레타를 만들 수 있다. 매우 간단한데 자신만의 특별하고 독특한 맛과 향을 지닌 비나그레타를 만들 수 있어 요리 초보자라도 근사한 샐러드를 완성할 수 있다.

- **향신료와 허브**: 양을 조절해 원하는 향미와 맛의 강도를 선택할 수 있다. 파슬리를 조금 추가하는 것부터 바질과 로즈메리와 같은 두 가지 이상의 향기로운 허브를 섞는 것이 가능하다. 마늘을 추가하면 고유의 알싸함을 더할 수 있다.
- **감귤류**: 오렌지, 레몬, 라임 등의 감귤류는 식초를 대신해 사용할 수 있고 향기로워 샐러드용으로 최고다. 특히 레몬과 마늘 조합의 비나그레타는 따뜻한 샐러드와 잘 어울린다.
- **동양 소스**: 기본 비나그레타에 겨자, 간장과 된장 같은 소스를 조금 추가하면 동양적인 맛이 난다.
- **꿀**: 홈메이드 비나그레타를 만들 때 가장 많이 사용하는 비법은 바로 꿀과 플레인 요구르트를 조합하는 것이다. 꿀은 향긋하고 달콤함을 더해 풍미를 더해 주고, 요구르트는 시큼하고 부드러운 맛을 선호하는 사람에게 적합하다. 감귤류와 견과류

를 넣은 샐러드에 잘 어울린다.

- **과일**: 비나그레타와의 또 다른 완벽한 조합으로 신선한 과일의 단맛을 꼽을 수 있다. 예를 들어, 앞서 소개한 딸기 비나그레타는 놀라울 정도로 맛있는데 만들기도 쉽다. 망고 비나그레타를 곁들인 샐러드는 열대의 맛이 난다. 이렇게 과일 고유의 향미를 이용하면 매우 독특하고 매력적인 맛이 탄생한다.

- **견과**: 잘게 썬 견과류(피스타치오, 호두, 헤이즐넛, 아몬드 등)는 비나그레타에 기분 좋은 바삭한 식감을 더한다. 어떤 샐러드에 넣어도 어울린다.

- **매콤한 식재료**: 칠리, 카옌페퍼, 할라페뇨 등의 고추는 비나그레타의 맛의 강도를 높이는 데 매우 효과적이다. 특히 할라피뇨(매운 고추)와 민트 비나그레타의 조합은 상상 이상의 맛을 낸다. 매운맛과 민트의 신선한 조합은 상상만 해도 신나지 않는가! 개인적으로 좋아하는 조합이다.

식초에 맛을 더하는 아이디어

- **오레가노 식초**: 식초 1l, 길게 자른 쪽파 1줄기(또는 양파 1개), 고
  수씨 1큰술, 신선한 오레가노 1줄기, 고추 1개
- **타임 식초**: 화이트 와인 식초 1l, 신선한 타임 1줄기, 마늘 2~3쪽
- **로즈메리 식초**: 사과 식초 1/2l, 마늘 2~3쪽, 로즈메리 1줄기

TIP

열탕 소독한 유리병에 좋은 식초와 준비한 재료를 함께 담아서 빛과 열을 피해 건
조한 곳에 보관하고 3~4일 정도 숙성시킨다.

타파스와 핀초스

기름에 풍미를 더하는 아이디어

- **레몬 오일**: 레몬 1개를 끓는 물에 1분간 데친 후 물기를 잘 말리고 레몬 껍질을 얇게 자른다. 미리 소독한 유리병에 반으로 자른 고추 1개와 레몬을 함께 담고 올리브유를 병 안 가득 채운다. 빛과 열을 피해 건조한 곳에서 48시간 동안 보관한다. 체에 걸러서 다른 기름 전용 유리병에 옮긴다.
- **로즈메리 오일**: 로즈메리 10줄기를 씻고 물기를 제거한 후 유리병에 담는다. 올리브유를 병 안 가득 채우고 빛과 열이 닿지 않는 건조한 곳에 한 달 동안 보관한 후 사용한다.
- **타임 및 마늘 오일**: 타임 8가지를 씻고 물기를 제거한다. 껍질을 벗긴 마늘 3쪽, 샬롯 4개와 타임을 유리병에 담는다. 올리브유를 병에 가득 채우고 빛과 열을 피하여 한 달 동안 보관한 후 사용한다.

TIP
유리병은 250ml 용량 기준으로 반드시 열탕 소독하고 말린 후 사용한다.

• OTOÑO •

3장

가을

칼라마레스 피카피카

Calamares pica-pica

마요르카섬과 발렌시아 지방에서 즐겨 먹는 타파스인 칼라마레스(오징어) 피카피카는 조리법도 간단하고 쉬운데 맛도 좋아 집에서 만들어 먹기에 최고의 음식이다. 한국식으로 밥에 비벼 먹어도 맛있고 파스타와 비벼 먹어도 맛있다. 빵에 곁들여 먹다 보면 어느새 접시에 남은 소스까지 깨끗이 닦아 먹는 자신을 발견할 수도 있다. 오징어가 볶은 양파, 마늘을 넣은 토마토소스와 만났을 때 얼마나 군침을 돌게 하는 향이 나는지 조리를 하다 보면 알 수 있다. 프라이팬에 요리하고 난 뒤 남은 소스에 엑스트라 버진 올리브유를 살짝 치고 삶은 파스타와 비벼 먹는 맛에 나는 이 요리를 사랑한다. 혹시 캠핑장 같은 곳에서 불을 지피고 요리할 일이 있다면 꼭 시도해 보기를 추천한다. 장작불에 천천히 조리해서 불맛이 나는 칼라마레스 피카피카는 아마도 절대 잊을 수 없는 오감을 선사할 것이다. 술안주로도 역시 최고다!

요리 이름에서 혹은 스페인 타파스를 먹을 때 자주 '피카피카'라는 단어를 볼 수 있는데, 입으로 발음해 보면 괜히 음식이 즐거움을 줄 것 같은 느낌이 든다. 이 용어는 다양한 종류의 간식, 특히 타파스처럼 소량의 음식을 가리키는 데 사용된다. 주로 스페인이나 라틴아메리카에서 사용한다.

"우리 피카피카 할까요?" 이 한 문장에 벌써 입안에 군침이 돈다.

• 재료(2인분)

오징어 500g, 토마토 200g, 양파 1개, 마늘 2쪽, 올리브유 100ml, 붉은 고추 1개
(작은 것), 월계수잎 1장, 레드 와인 200ml, 생선 육수 100ml

• 요리법

1. 커다란 냄비나 프라이팬에 올리브유를 두르고 뜨겁게 달군다. 5cm 정도로 길
   게 썬 오징어를 넣고 1분 내 빠르게 익힌다.
2. ①에 다진 양파, 다진 토마토를 넣고 5분 정도 조리한다.
3. ②에 저민 마늘, 잘게 썬 고추, 월계수잎, 와인과 생선 육수를 넣고 잘 섞은 후
   20분 정도 약한 불에 천천히 졸인다.
4. 뜨겁게 조리한 오징어를 살짝 구운 빵과 함께 낸다.

TIP

• 오징어는 가능한 작고 연한 것을 사용한다.
• 생선 육수는 생선 머리나 포를 뜨고 남은 재료로 만들 수 있으나 시판용 생선
  육수를 사용하기를 추천한다.
• 끓기 시작할 때, 미리 준비한 알본디가스Albóndigas(168쪽 참고)와 완두콩(해동한
  냉동 완두콩 사용 가능)을 넣고 조리하면 오른쪽 사진 같은 요리가 만들어진다.

타파스와 핀초스

칼라마레스 피카피카

—

감바스 알 필필

Gambas al pil-pil

세상에 존재하는 다양한 맛과 요리에 관심이 있는 사람이라면 적어도 한 번은 감바스 알 필필을 만들어 보았을 것이다. '어쩌면 이렇게 매력적인 향과 맛을 낼 수 있지'라는 소리가 매번 절로 나오는 요리다. 한국 친구나 지인이 스페인 요리 중 만들기 쉽고 손님상에 올리기에 그럴듯한 요리를 알려 달라고 하면 제일 먼저 추천하는 것이 감바스 알 필필이다. 조리 과정이 너무 간단하고 재료도 쉽게 구할 수 있는 것들이다.

새우는 중간 크기가 적당하다. 저마다 조리법이 조금씩 다르지만 주재료는 새우, 마늘, 매운 고추와 올리브유다. 조리할 때 와인이 들어가는데 아이들이 먹을 경우엔 조리할 때 와인만 빼고 기름을 조금 더 넣으면 된다. 허브 향을 좋아한다면 파슬리를 장식용 겸 향을 내는 용도로 사용한다. 없으면 꼭 안 넣어도 괜찮다. 나는 새우보다 새우의 감칠맛과 기름을 흡수한 마늘을 더 좋아해서 조리법에 나오는 양보다 더 많이 넣는다! 올리브유에 노릇하게 튀긴 마늘은 고소하고 환상적인 맛을 낸다.

요리 후 바로 식탁에 내놓을 수 있는 질그릇이나 귀여운 작은 프라이팬에 조리하는 방법을 추천한다. 기름이 지글지글 끓는 상태에서 상에 올리는 행위만으로도 보는 모든 이들의 감각을 충족시킬 것이다. 새우를 다 먹고 남은 기름에 빵을 찍어 먹거나 파스타를 삶아 뜨거울 때 비벼 먹는 맛도 끝내준다.

● 재료(3인분)

새우 15마리, 화이트 와인 1/2컵, 마늘 6쪽, 파슬리 한 줌, 매운 고추 1개(말린 것), 붉은 파프리카가루 1/2작은술, 올리브유 적당량, 소금 한 꼬집

● 요리법

1. 마늘은 껍질을 벗겨 얇게 썬다.
2. 뜨겁게 달군 팬에 새우가 잠길 정도의 올리브유를 붓고 마늘, 고추, 소금, 매콤달콤한 파프리카가루, 파슬리를 넣은 뒤 타지 않게 빠르게 볶는다.
3. ②의 팬에 새우 머리를 넣고 볶다가 꺼낸다.
4. ③의 팬에 껍질을 벗긴 새우를 넣고 화이트 와인을 부어 센불로 지글지글 익힌다.

감바스 알 필필

• 새우와 베이컨을 가장 맛있게 먹는 법 •

—

브로체타스 콘 랑고스티노스
Brochetas con langostinos

• **재료**(12개)

새우 500g, 베이컨 슬라이스 6개, 파프리카 1개, 방울토마토 12개, 마늘가루 1큰
술, 파슬리가루 1큰술, 올리브유 3~4큰술, 나무 꼬치(10cm 정도) 12개

• **요리법**

1. 새우를 씻어서 껍질을 벗기고 올리브유, 마늘가루, 파슬리가루를 뿌린다.

2. 베이컨 반 조각으로 새우를 돌돌 감는다.

3. 파프리카를 베이컨으로 감싼 새우 길이로 자른다. 방울토마토를 반으로 자른다.

4. 모든 것이 준비되면 각 재료를 나무 꼬치에 원하는 대로 끼워 꼬치를 만든다.

5. 팬에 올리브유를 살짝 두르고 꼬치를 2~3분 정도만 구워 재료를 익힌다. 특히
    베이컨이 바삭하게 구워야 풍미가 극대화된다.

6. 원하는 소스를 곁들여도 좋다.

• 가을의 향기를 듬뿍 담은 버섯 요리 •

—

세타스 알 아히요

Setas al ajillo

이 책의 가장 중요한 목적을 꼽자면 스페인 타파스를 소개하고 한국에서도 간단한 재료로 맛있게 요리해 먹을 수 있도록 돕는 것이다! 그래서 레시피 선정에 가장 중점을 둔 것은 유명하지만 당연히 맛있고 쉬운 요리다. 세타스 알 아히요도 이 책에서 빠질 수 없는 이유를 가진 타파스다. 한 가지 이유를 더하자면 나는 가을 버섯을 사랑한다. 가을이 오면 주말 아침에 버섯을 채취하러 나가고 싶은 마음에 설레기도 한다. 버섯만큼 가을 색과 향기를 담뿍 품은 식재료가 있을까? 기름에 볶은 마늘과 버섯의 향기로 부엌은 금방 맛있는 냄새로 가득해진다. 낙엽과 단풍색을 지닌 버섯이 있는 가을, 생각만 해도 행복하다!

특별히 신선한 양송이버섯과 마늘을 볶은 요리는 내가 사계절 내내 즐겨 먹는 음식이다. 우리가 자주 가는 단골 식당의 주인 카르멘의 양송이버섯 요리만큼 환상적이진 않지만 내가 집에서 대충 만들어도 맛있다. 다른 모든 버섯으로도 다음 방법으로 조리할 수 있으니 꼭 만들어 보기를!

● 재료(4인분)

버섯 500g, 마늘 5쪽, 신선한 파슬리 1큰술(다진 것), 올리브유 4큰술, 와인 식초 1~2방울, 화이트 와인 100ml, 소금 한 꼬집, 후추 한 꼬집

● 요리법

1. 마늘을 다져 프라이팬에 넣고 기름에 볶다가 황금색이 되면 꺼내 다른 용기에 담는다.

2. 버섯은 먹기 좋게 자른 뒤 마늘 볶은 프라이팬에 넣고 소금과 후추를 뿌린 후 뚜껑을 덮고 약 10분 동안 조리한다.

3. 볶아 둔 마늘과 화이트 와인을 조금 넣고 알코올이 완전히 증발할 때까지 센불로 볶는다.

4. 마지막으로 와인 식초를 첨가하고 다진 파슬리를 올린다. 뜨거운 버섯 요리에 반숙 달걀프라이를 올려 섞어 먹기도 한다.

TIP

• 아이들과 함께 먹을 때는 화이트 와인 대신 물을 넣고 증발시켜 가며 볶는다.

• 버섯은 다른 종류를 섞어 요리해도 괜찮다.

타파스와 핀초스

세타스 알 아히요

· 짭조름한 안초아와 고소한 마요네즈의 만남 ·

—

보카디토스 데 안초아스 콘
토마테 이 마요네사

Bocaditos de anchoas con tomate y mayonesa

● 재료(8개)

토마토 2개, 올리브유에 절인 안초아 8쪽, 파프리카 2개, 풋고추 4개, 달걀 3개, 마요네즈 3큰술, 바게트 1/2개, 엑스트라 버진 올리브유 4큰술, 소금 한 꼬집, 이쑤시개

● 요리법

1. 완숙으로 삶은 달걀의 껍데기를 벗기고 단면이 둥근 모양이 되게 1cm 두께로 자른다.

2. 씨를 제거한 파프리카를 4등분하고 고추는 반으로 자른 후 팬에 올리브유를 두르고 볶는다. 양면이 노릇노릇해지면 키친타월 위에 올려 기름기를 빼낸다.

3. 토마토를 둥글게 자른다.

4. 바게트를 4등분해서 반으로 갈라 준비한다.

5. 빵 위에 볶은 파프리카, 토마토 한 조각, 삶은 달걀 한 조각을 올리고 입맛에 맞게 마요네즈를 바르고 안초아와 고추 조각을 올린다.

6. ⑤에 빵 윗부분을 덮고 이쑤시개로 고정한다.

·풍미 가득한 하몬 버섯볶음·

—

세타스 콘 하몬

Setas con jamón

가을은 내가 가장 좋아하고 아끼는 계절이다. 가을은 지중해의 사계절 중 가장 한국의 계절과 닮았다. 나는 젖은 흙과 마른 잎 냄새가 뒤섞인 가을 산길을 걷는 것을 사랑한다. 그 향기는 그리운 한국의 계절을 떠올리게 한다. 가을비가 내린 다음 날 산속 오솔길에 쌓인 나뭇잎을 헤쳐 가며 버섯을 찾는 것 또한 나에겐 큰 기쁨이다. 비 온 주말 이른 아침, 버섯을 잘 아는 동네 친구들과 함께 버섯을 따러 가을 산에 오른다. 가을 숲길을 걸으며 좋아하는 버섯을 채취하는 일은 은근히 중독성이 있다. 숲길을 걸으며 온몸의 오감을 활짝 열고 버섯을 찾는 일은 마치 명상을 하는 것 같다.

먹을 수 있는 버섯을 찾으면 윗부분만 소중히 자르고 뿌리가 상하지 않게 나뭇잎과 이끼로 덮어 준다. 부지런한 이들이 지나간 길에서 버섯을 못 찾고 내려와도 괜찮다. 가을이면 화요일마다 서는 동네 시장과 오래된 식품점에서 버섯을 쉽게 살 수 있다. 스페인식 버섯볶음 중 가장 풍미가 높은 것은 뭐니 해도 하몬을 첨가한 것이다. 버섯이 지닌 자연의 묵직한 향과 하몬 특유의 담백한 맛의 조합은 가히 스페인 요리를 대표할 만하다.

● 재료(2인분)

혼합 버섯 250g, 하몬 세라노 100g, 마늘 2쪽, 화이트 와인 100ml(선택사항), 엑스트라 버진 올리브유 4큰술, 신선한 파슬리 1큰술(다진 것)

● 요리법

1. 마늘을 잘게 다져서 기름에 볶고 마늘이 황금색이 되면 꺼내 다른 용기에 담는다.
2. 마늘을 볶은 팬에 적당한 크기로 잘라 둔 버섯을 넣고 소금과 후추로 간한 후약 10분 정도 볶는다.
3. 화이트 와인을 조금 넣고 알코올을 완전히 증발시킨 다음, 이전에 볶아 둔 마늘과 잘게 썬 하몬 세라노를 넣고 몇 초 동안 섞어 볶는다.
4. 접시에 담고 다진 파슬리를 솔솔 뿌린다.

다양한 스페인 버섯

· 버섯을 넣은 스크램블드에그 ·

—

레부엘토 데 세타스

Revuelto de setas

스페인 사람들은 '스크램블에그' 비슷한 달걀볶음 요리를 좋아하는 것 같다. 어지간한 재료는 달걀을 풀고 섞어 반찬처럼 곁들임 요리나 파타스로 먹고 샌드위치에도 넣어 먹는다. 우리가 즐겨 먹는 달걀말이 반찬처럼 자주 식탁에 오른다. 점심, 저녁 한 끼의 식사를 해결해 주는 쉽고 빠른 조리법 덕에 누구나 좋아하는 음식이다. 아주 보통의 가을 요리에는 각자 좋아하고 원하는 버섯을 넣어 조리할 수 있다. 가을에는 각종 신선한 버섯을, 다른 계절에는 올리브유에 담가 저장했거나 말린 버섯을 조리할 수 있다. 뜨거운 가을 햇볕을 받고 자란 버섯은 낙엽 냄새, 축축한 이끼 향도 나고 흙 내음도 풍겨, 숙성된 와인처럼 요리의 풍미를 그윽하고 깊게 만들어 준다. 신기하게도 말린 버섯은 향이 더 강해져서 일부러 마른 버섯을 사다 요리하기도 한다. 레부엘토라고 불리는 스페인식 스크램블드에그에 버섯을 넣고 볶다가 부추나 쪽파를 송송 썰어 올리면 끝이다. 저칼로리 레시피이며 건강식인데 맛도 환상적이다.

● 재료(2~3인분)

달걀 8개, 버섯 200g, 마늘 1큰술(다진 것), 엑스트라 버진 올리브유 4큰술, 쪽파
혹은 부추 1큰술(다진 것), 소금 한 꼬집, 후춧가루 한 꼬집

● 요리법

1. 버섯에 묻은 흙을 잘 털고 깨끗한 행주로 닦은 후 먹기 좋은 크기로 자른다.
2. 프라이팬에 기름을 약간 두르고 버섯, 다진 마늘, 소금, 후춧가루를 넣고 살짝
   볶는다.
3. 그릇에 달걀을 깨서 넣고 소금으로 간한 뒤 가볍게 풀어 준다. 달걀을 너무 많
   이 젓지 않아야 부드러운 스크램블드에그를 만들 수 있다.
4. ②의 팬에 올리브유를 조금 더 넣는다. 달걀이 너무 익거나 팬에 달라붙지 않도
   록 잘 저어 준다.
5. 완성된 요리를 담고 다진 쪽파나 부추를 약간 뿌린다.

타파스와 핀초스

레부엘토 데 세타스

브로체타 데 참피뇨네스, 하몬 이 피미엔토스

입꼬리가 올라가게 만드는 양송이 핀초스

Brocheta de champiñones, jamón y pimientos

• 재료(10개)

양송이버섯 10개, 초록색 피망 2개, 양파 1개, 하몬 세라노 2조각, 바게트 10조각, 올리브유 6큰술, 소금 한 꼬집, 후춧가루 한 꼬집, 이쑤시개

• 요리법

1. 양송이버섯을 손질한 후 기둥을 자른다. 버섯 머리는 접시에 담아 두고 기둥은 잘게 자른다.

2. 양파 껍질을 벗기고 다진다. 피망을 씻어서 꼭지와 씨를 제거하고 다진다.

3. 프라이팬에 올리브유 4큰술을 두르고 다진 양파, 후춧가루와 소금을 넣고 센불에 볶는다. 약 5분 후 중불로 줄이고 잘게 썬 버섯 기둥을 추가해 볶는다.

4. 하몬 세라노를 잘게 썰어 ③에 섞은 후 그릇에 따로 보관한다.

5. 새 프라이팬에 올리브유를 두른 후 버섯 머리를 뒤집어 가며 양쪽이 노릇해질 때까지 익히는 것을 반복한다.

6. 구운 버섯 안쪽에 남은 물과 기름을 뺀다.

7. 구운 버섯 머리 안에 ④를 채운 다음 길게 어슷썰기한 바게트 조각 위에 올리고 이쑤시개를 꽂아 고정한다.

TIP

양송이버섯은 크기가 크면 클수록 좋다.

• 모시조개와 강낭콩, 환상의 콤비 •
—

후디아스 콘 치를라스

Judías con chirlas

조개는 삶거나 구워 먹거나 육수를 내는 데 사용하는 식재료로 여겼는데, 조개와 강낭콩을 함께 조리한 요리는 너무나 놀랍고 신선했다. 콩과 조개 맛이 어울릴지 의아했던 것 같다. 하지만 뭐든 새로운 음식은 먹고 판단하자는 생각으로 식당에서 후디아스 콘 치를라스를 시켜 먹었다. 환상의 콤비가 만들어 낸 맛있고 든든한 요리였다. 조개도 콩 요리도 별로 좋아하지 않지만 이 요리가 있으면 부지런히 손이 가니, 참 내 입맛은 알다가도 모르겠다.

이 요리에서 준비할 것은 피카다 소스와 소프리토 소스다. 이두 소스는 스페인 요리 대부분의 맛을 내는 데 매우 중요하다. 허브 향과 마늘의 알싸한 맛과 감칠맛이 잘 어우러져 스페인 요리의 풍미를 살리는 데 큰 역할을 한다. 한 번 만들 때 넉넉한 양을 준비해서 냉장고에 두고 조리할 때마다 꺼내 쓰면 스페인 요리가 한결 수월해진다. 빵 한 덩이만 곁들여도 한 끼 식사로 충분하고 아이들에게도 영양 만점인 음식이다.

• 재료(2인분)

모시조개 160g, 생선 육수 400ml, 피카다 1큰술, 소프리토 1큰술, 삶은 흰강낭콩 300g, 소금 한 꼬집, 후춧가루 한 꼬집

• 요리법

1. 모시조개는 한 시간 정도 해감한다.
2. 흰강낭콩을 삶아 둔다.
3. 냄비에 소프리토와 삶은 흰강낭콩을 넣고 함께 볶는다.
4. ③에 생선 육수를 넣고 15분 정도 끓인다.
5. ④에 깨끗하게 씻은 조개와 피카다를 넣고 조개 입이 벌어질 때까지 3분 정도 끓인다.
6. 소금과 후춧가루를 입맛에 따라 넣는다.

TIP

· 흰강낭콩 외에 다른 콩을 사용해도 되고 익혀 판매하는 것을 사용해도 괜찮다.
· 모시조개 대신 다른 조개를 사용해도 좋다.
· 생선 육수는 마트에서 파는 것을 사용해도 무방하다.
· 피카다 소스와 소프리토 소스 만드는 법은 105, 107쪽을 참고한다.

후디아스 콘 치를라스

• 입안에서 살살 녹는 부드러운 돼지고기 요리 •
——

솔로미요 아라 카스테야나

Solomillo a la castellana

몇 해 전 카스티야 지방을 여행하던 중 살라망카로 가는 국도 위 식당에서 점심을 먹은 적이 있다. 아무 기대 없이 점심 메뉴에 포함된 돼지고기 요리를 시켰는데 한 점을 입에 넣고 깜짝 놀랐다. 내가 알던 돼지고기의 식감이 아니었고 소스도 너무 맛있어서 빵으로 접시를 싹싹 닦아 먹었던 기억이 생생하다. 시골 식당에서 인생 돼지고기를 맛본 것이다. 《돈키호테》의 한 페이지에 나올 듯한 식당 주인에게 조리법을 물어보니 너무 쉽게 설명해서 비법을 감추려는 건 아닌가 하는 의심이 들 정도였다. 그러던 어느 날 문득 그때 먹은 돼지고기 맛이 입안에서 맴돌아 찾아보니 진짜로 재료도 조리법도 간단하다는 것을 확인할 수 있었다. 내가 집에서 만든 요리는 물론 기억 속의 그 맛에 미치지 못하지만 종종 생각나면 해 먹는다.

아이들도 좋아하고 손님 대접용으로도 추천한다. 아이들 먹거리에 와인을 넣는 게 걱정이라면 아이들 것은 와인을 넣기 전에 다른 팬으로 옮겨 육수를 넣고 조금 더 조리한다. 한국 밥상에 고기반찬으로 올려도 좋을 만큼 한식과 궁합이 잘 맞는 음식이다. 간장을 안 넣는데 신기하게 간장으로 간을 한 맛이 비슷하게 난다. 바게트 조각 위에 고기 한 점과 염소 치즈를 올려 꼬치를 끼우면 풍미가 근사한 핀초스로 변신한다.

카스티야 지방에 관한 에피소드 하나! 우리에게 잘 알려진 '카스텔라'라고 불리는 부드러운 케이크도 이 카스티야 지방의 전통

후식인데 일본인이 이 케이크를 만들어 팔면서 카스티야(Castilla)의 'll' 발음을 잘못해 카스텔라로 바뀐 것이라고 한다. 스페인어에서 'll'은 'ㄹ' 발음이 안 나고 'lla'는 '야'로 발음한다.

● 재료(4인분)

돼지고기 안심 800g, 마늘 2쪽, 양파 1/2개, 버섯 200g, 하몬 이베리아(또는 하몬 세라노) 100g, 와인 150ml, 파프리카가루 1작은술, 월계수잎 2장, 엑스트라 버진 올리브유 4큰술, 소금 6g, 후춧가루 한 꼬집, 신선한 파슬리잎 3장

● 요리법

1. 돼지고기 안심을 동그란 모양으로 자른 후 칼날로 살짝 두드리고 소금과 후춧 가루를 뿌린다.
2. 마늘은 얇게 저미고 양파는 작게 썰어 둔다.
3. 프라이팬을 센불에 올리고 올리브유를 조금 두른 다음 팬이 달궈지면 안심을 넣고 각 면을 40초 정도씩 굽는다.
4. 구운 고기를 접시에 담아 따로 보관한다.
5. 고기를 구운 팬에 올리브유를 조금 더 넣고 불을 중간으로 낮추고 마늘을 넣고 마늘 향을 낸다.
6. 작게 썬 양파를 추가하고 소금으로 간한 후 양파가 투명해질 때까지 볶는다.
7. 볶은 양파에 썰어 둔 버섯을 추가한 뒤 중불에서 볶는다.
8. ⑦에 파프리카가루 1작은술을 넣고 저어 준 후 접시에 담아 둔 돼지고기 안심 과 흘러나온 육즙을 팬에 넣는다. 월계수잎 2장을 추가한다.
9. 작게 썬 하몬을 팬에 넣고 섞은 다음 불의 세기를 높이고 와인을 추가한다. 와 인은 화이트나 레드 상관없이 사용할 수 있다.
10. 센불로 3분 정도 더 끓여 준다. 너무 오래 두면 고기 육즙이 빠져나가니 주의 한다.
11. ⑩를 접시에 담은 후 다진 파슬리를 뿌려 완성한다.

솔로미요 아 라 카스테야나

타파스 추천 메뉴

감자

토르티야 데 파타타스Tortilla de patatas: 감자, 달걀로 두툼하게 부친 요리

토르티야 파이사나Tortilla paisana: 감자, 달걀, 초리소와 갖은 채소를 넣고 만든 프리타타 같은 요리

파타타스 브라바스Patatas bravas: 매콤한 소스를 곁들여 먹는 감자튀김

크로케타스 하몬Croquetas jamón: 하몬을 넣은 감자 크로켓

크로케타스 하몬

채소

피미엔토스 데 파드론Pimientos de padrón: 올리브유에 굵은소금을 넣고 볶은 고추

레부엘토 데 세타스Revuelto de setas: 버섯과 달걀을 볶은 요리

참피뇨네스Champiñones: 양송이버섯볶음

세타스 알 아히요Setas al ajillo: 버섯, 마늘을 올리브유에 볶은 요리

엔살라디야 루사Ensaladilla rusa: 러시아식 샐러드로 각종 야채를 마요네즈에 버무린 요리

알카초파스 라미나다스Alcachofas laminadas: 아티초크튀김

에스칼리바다Escalivada: 양파, 붉은 파프리카, 가지를 구운 후 올리브유를 뿌려 먹는 카탈루냐 전통 음식

칼솟Calçot: 구운 양파를 아몬드와 각종 허브를 넣고 만든 소스에 찍어 먹는 카탈루냐 전통 음식

아세이투나스Aceitunas: 올리브절임

알카초파스 라미나다스

타파스와 핀초스

빵

판 콘 토마테Pan con tomate, 파 암 토마케트Pa amb tomàquet: 딱딱한 빵에 토마토즙
과 마늘즙이 스며들게 잘 익은 토마토와 마늘을 문지른 뒤 올리브유를 뿌린 빵
엠파나디야스Empanadillas: 고기 혹은 생선과 야채를 빵 속에 넣고 오븐에 구운 음식

판 콘 토마테

해산물

감바스 알 필필Gambas al pil-pil: 올리브유에 고추, 마늘, 새우를 넣고 볶은 요리

보케로네스 아 라 비나그레타Boquerones a la vinagreta: 초절임한 멸치과 생선

풀포 아 라 가예가Pulpo a la gallega: 갈리시아식 문어 요리

칼라마레스 프리토스Calamares fritos, 라바스 프리토스Rabas fritos: 오징어튀김

칼라마레스 피카피카Calamares pica-pica: 양파, 마늘, 토마토로 만든 소스로 조리한 오징어 요리

세피아 아 라 플란차Sepia a la plancha: 갑오징어구이

페스카도스 프리토스Pescados fritos: 작은 생선튀김

피미엔토스 레예노스 데 바칼라오Pimientos rellenos de bacalao: 대구 살을 넣은 붉은 파프리카 요리

에스케이사다Esqueixada: 대구와 각종 야채를 넣고 만든 샐러드

메히요네스 레예노스Mejillones rellenos: 홍합과 양념한 채소를 섞어 튀긴 요리

메히요네스 알 바포르Mejillones al vapor: 증기로 찐 홍합 요리

메히요네스 아 라 마리네라Mejillones a la marinera: 토마스소스를 넣고 만든 홍합 요리

후디아스 콘 치를라스Judías con chirlas: 강낭콩을 넣은 조개 요리

크루히엔테 데 감바스Crujiente de gambas: 새우튀김

치피로네스 프리토스Chipirones fritos: 꼴뚜기튀김

안초아스Anchoas: 올리브유에 절인 멸치

타파스와 핀초스

모르테로에서 만든 페스카도스 프리토스

고기

수르티도 데 엠부티도스Surtido de embutidos: 초리소, 푸에트Fuet, 살라미, 하몬, 카탈라나Catalana, 부티파라Butifarra 등 다양한 스페인식 소시지 엠부티도가 한 접시에 나오는 타파스

수르티도 데 케소스Surtido de quesos: 다양한 치즈가 한 접시에 담겨 있는 타파스

초리소 알 비노Chorizo al vino: 와인에 넣고 조린 초리소

알본디가스Albóndigas: 고기 완자

카요스Callos: 돼지 내장으로 만든 요리

몬타디토 데 솔로미요Montadito de solomillo: 구운 등심살을 바게트 빵 한 쪽에 얹은 음식

수르티도 데 엠부티도스 케소스

타파스와 핀초스

Morro de
cerdo

Glenfiddich

겨울

• 든든한 한입, 소스를 곁들인 미트볼 •

—

알본디가스 엔 살사

Albóndigas en salsa

어릴 적 나의 기억 속에 저장된 처음 먹어 본 외국 음식은 돈가스와 미트볼이다. 특히 미트볼은 어린 내 마음을 단숨에 사로잡았다. 커다란 구슬처럼 동그란 모양, 한입으로 물기 적당한 작은 크기와 부드러운 고기 완자, 약간 시큼하고 달콤했던 토마토소스는 어린이였던 내게 아주 특별한 음식으로 남아 있다. 그 강렬했던 기억 때문인지 나는 미트볼, 즉 알본디가를 내 아이를 위해 자주 요리한다. 우리 가족이 즐겨 찾는 동네 바에서는 주말마다 미트볼을 만든다. 일요일 늦은 아침으로 따뜻한 알본디가와 그 소스에 빵을 찍어 먹는 것을 가족은 좋아한다. 먹으면 행복 지수가 껑충 올라간다고 한다. 든든한 한입, 알본디가! 잔뜩 만들어 두고 냉동실에 보관했다가 필요할 때마다 꺼내 조리하기 편해 스페인 가정에서는 꼭 챙겨 두는 음식이다. 아마도 많은 어린이들의 소울 푸드일 것이다. 내 남편이 할머니의 알본디가를 그리워하는 것처럼….

• 재료(3~4인분)

쇠고기 350g(다진 것), 돼지고기 300g(다진 것), 마늘 2쪽, 신선한 파슬리 약간(혹은 파슬리가루), 달걀 1개, 우유 1큰술, 화이트 와인 200ml+1큰술, 빵가루 1큰술, 타임가루 1큰술, 로즈메리가루 1큰술, 양파 1개, 밀가루 100g, 올리브유 적당량, 토마토소스 500g, 완두콩 한 줌, 고추 1개, 닭 육수 800ml(치킨 스톡 대체 가능), 소금 한 꼬집, 후춧가루 한 꼬집

• 요리법

1. 파슬리를 씻어 물기를 제거한 후 다진다. 마늘과 고추도 다진다.

2. 다진 쇠고기와 돼지고기, 달걀, 다진 파슬리, 마늘, 우유 1큰술, 화이트 와인 1큰술(혹은 미림), 빵가루 1큰술을 그릇에 넣는다. 소금, 후춧가루, 타임, 로즈메리도 첨가한다.

3. ②의 모든 재료를 잘 섞는다. 혼합물이 너무 건조하거나 반대로 너무 즙이 많으면 빵가루를 조금 더 추가하거나 와인이나 우유를 조금 더 넣어 조절한다.

4. 손바닥으로 적당한 크기의 미트볼을 만든다. 미트볼에 밀가루를 묻힌 다음 손으로 톡톡 두드려서 여분의 밀가루를 제거한다.

5. 미트볼의 반이 잠길 정도로 올리브유를 넉넉히 부은 큰 프라이팬을 불에 올리고 온도가 적당해지면 미트볼을 센불로 한꺼번에 굽는다. 속까지 익힐 필요 없이 겉만 노릇하게 살짝 구워 주면 된다. 미트볼을 꺼내서 큰 냄비에 넣는다.

6. 미트볼 소스에 넣을 양파의 껍질을 벗기고 잘게 다진다.

7. 미트볼을 익힌 팬의 기름을 덜어 낸 뒤 다진 양파를 약한 불로 볶는다. 만일 미트볼의 밀가루 때문에 기름이 검게 탔으면 팬을 키친타월로 닦은 후 새 기름을 2큰술 정도 추가해 볶는다.

8. 양파가 잘 익고 투명해지기 시작하면 화이트 와인을 넣고 알코올이 증발할 때까지 센불에 익힌다.

9. ⑧에 토마토소스를 넣고 소금과 후춧가루로 간한 뒤 3분 정도 끓인다.

10. ⑨를 미트볼이 있는 냄비에 옮기고 불에 올린다. 완두콩과 다진 고추를 추가한다.

11. 냄비에 닭 육수를 부어 재료와 섞이게 가끔씩 저어 주면서 약불로 약 40분 동안 끓인다. 마지막에 소금과 후춧가루로 간을 맞춘다.

　　　　　　　　　　　　　　　　　　　　　　　　타파스와 피츠스

알본디가스 엔 살사

스페인 시골의 맛을 상상하게 만드는 핀초스

—

코호누도*

Cojonudo

● 재료(8개)

초리소 1개, 모르시야Morcilla** 1개, 메추리알 8개, 파프리카 2개, 올리브유 적당량, 바게트 8조각, 버터 1작은술, 소금 한 꼬집, 이쑤시개

● 요리법

1. 버터를 두른 팬에 길게 어슷썰기한 바게트를 넣고 굽는다.
2. 초리소와 모르시야를 준비한 빵보다 조금 더 길게 자른다.
3. 파프리카를 길게 잘라 팬에 올리브유를 두르고 볶는다. 키친타월을 이용해 기름기를 제거한다.
4. 프라이팬에 올리브유를 두른 뒤 초리소를 굽는다.
5. 올리브유를 넉넉히 두르고 모르시야를 튀기듯 굽는다.
6. 메추리알을 팬에서 부친 후 소금을 조금 뿌린다.
7. 구운 빵 위에 초리소나 모르시야를 올리고, 파프리카와 메추리알을 쌓은 후 이쑤시개로 고정한다.

TIP

파프리카 대신 길고 연한 고추를 대신 사용해도 좋다.

*   코호누다Cojonuda로 부르기도 한다.

**   스페인 소시지 엠부디토의 한 종류로 우리의 순대와 매우 비슷하나 당면은 넣지 않고 피를 많이 사용한다.

바칼라오 알 필필

Bacalao al pil-pil

스페인 북쪽 바스크 지방 요리 중 스타로 꼽을 만한 바칼라오 알 필필은 대구, 마늘, 고추, 올리브유, 네 가지 재료만 가지고 조리할 수 있다. 어쩌면 정말 좋은 요리는 최소한의 좋은 재료로 최고의 맛과 향을 구현해 내는 것일지도 모른다. 요리에 관심이 많은 미식가라면 분명 바칼라오 알 필필이란 이름을 들었거나 맛본 경험이 있을 것이다. 필필은 대구를 익히는 과정에서 나오는 기름으로 만든 소스이자 요리 이름이다. 재료가 간단하고 조리 과정도 쉬워 보이지만 완벽한 필필을 얻는 것은 절대 쉽지 않다. 무한한 연습과 손목 기술이 필요하다. 생선이 익으면서 나오는 액즙과 기름이 올리브유를 만나면 서서히 젤라틴화된다. 대구의 즙과 엑스트라 버진 올리브유를 잘 섞어 완벽한 소스를 만들기 위해서는 같은 속도로 팬을 움직여야 한다. 세비야의 유명 타파스 식당에서는 이를 위해 필필 전용 기구를 만들어 조리한다. 스페인 집마다 환상적인 필필을 만드는 장인은 있게 마련이다. 그런데 포르투갈의 대구 사랑도 이에 뒤지지 않는다. 스페인이나 포르투갈 친구들과 만나 요리에 대한 이야기를 하면 반드시 가족 일원 중 누군가 얼마나 완벽한 필필을 만드는지 자랑하는 이가 있다. 그리고 두 나라 중 어느 조리법이 원조인가에 대한 의견이 오간다. 그래서 필필 소스 관련 이야기만으로 반 시간은 족히 대화가 가능하다. 스페인과 포르투갈이 대구 때문에 전쟁을 했다는 농담이 있을 정도로 두 나라에서 사랑받는 바칼라오 알 필필! 궁금한가요?

● **재료(2인분)**

대구 4토막(어른 손바닥 크기), 마늘 4쪽, 마른 매운 고추 1개, 엑스트라 버진 올리브
유 적당량

● **요리법**

1. 스페인에서는 소금에 절인 대구를 사용하는데 이 요리에서는 신선하고 두툼한
   생대구를 이용한다.
2. 마늘은 껍질을 벗기고 얇게 저민다.
3. 프라이팬에 준비한 대구가 반 정도 잠길 정도의 기름을 부은 뒤 마른 매운 고추
   와 저민 마늘을 넣는다. 타지 않도록 약한 불로 조리한다.
4. 마늘이 익으면 꺼내어 따로 둔다. 마늘은 소스의 유화 효과를 높이는 데 도움이
   된다.
5. 고추와 마늘 향이 나는 기름을 조금 식힌 후 대구의 껍질 부분이 아래로 향하게
   하여 넣어 중불에서 4분간 조리한다. 이때 지속적으로 팬을 살살 흔들어 주어
   야 한다.
6. 팬을 움직여 소스가 조금씩 형성되도록 한다. 대구를 뒤집어 4분간 더 익힌다.
7. 대구를 꺼내 두고 기름이 너무 많으면 팬에서 기름을 조금 덜어 낸다.
8. ⑦의 팬에 남은 기름과 대구에서 빠져나온 콜라겐이 잘 섞이도록 전통적인 방
   식대로 둥근 거름망을 이용해 둥글게 원을 그리며 한 방향으로 저어 주면 소스
   가 걸쭉해진다.
9. 대구에 소스(필필)를 붓고 마지막으로 노릇하게 구워진 마늘과 고추를 뿌린다.

TIP

스페인에서는 염장 대구를 사용하는데 일반적으로 시장이나 슈퍼마켓에서 염분
이 제거된 대구도 구입할 수 있다. 염장된 것을 구입할 경우 물에 담가 두었다가
헹구고 6~8시간마다 물을 갈아 주는 방식으로 직접 염분을 제거할 수 있다. 생선
토막이 그다지 크지 않은 경우 물을 세 번 갈아 주면 충분하지만(24시간), 토막이
크면 여섯 번 정도 갈아야 하며 총 48시간이 필요하다.

타파스와 핀초스

BACALAO
FRESCO
8'50
KILO

대구

—

바칼라오 코시도 콘
파타타스 이 피멘톤

Bacalao cocido con patatas y pimentón

내게 가장 스페인 음식다운 것이 무엇인지 묻는다면, 분명히 감자, 대구, 파프리카로 요리한 바칼라오 코시도 콘 파타타스 이 피멘톤을 꼽을 것이다. 내 머릿속에 각인된 스페인 음식 특유의 향, 맛과 식감을 떠올리기 때문이다. 스페인 요리에서 붉은색을 띠는 것은 대부분 파프리카가루다. 피멘톤, 아히 데 콜로르Ají de color 등의 다양한 이름으로 불리는 파프리카가루는 주로 색을 내는 데 사용하고 약간 매운맛을 내는 피멘톤 피칸테Pimentón picante와 단맛을 내는 피멘톤 둘세Pimentón dulce, 두 가지를 일반적으로 사용한다. 한국 고춧가루처럼 강렬한 맛과 향은 나지 않지만 다른 식재료와 섞어 조리하면 특유의 향을 만들어 내서 빼놓을 수 없는 역할을 한다. 자주 먹다 보면 그 미묘한 감칠맛을 구분할 수 있다. 대구 요리는 스페인에서도 고급 요리다. 스페인식으로 조리한 두툼한 대구살은 요리 신세계에 눈을 뜨게 해 주는 묘한 매력이 있다. 스페인에 온다면 꼭 먹어 봐야 할 대구 요리로 북쪽 바스크 지방식 대구와 감자 요리를 추천한다.

● 재료(2인분)

소금에 절인 대구 4토막(어른 손바닥 크기), 감자 4개, 마늘 4쪽, 파프리카가루 1작은술, 화이트 와인 1컵, 엑스트라 버진 올리브유 3큰술, 소금 1작은술, 신선한 파슬리 1작은술(다진 것)

● 요리법

1. 감자는 껍질을 벗기고 약 2cm 크기로 자른다.
2. 냄비에 감자, 물, 소금 1작은술을 넣고 불에 올려 감자가 부드러워질 때까지 20분간 삶는다.
3. 감자가 거의 다 삶아지기 5분 전에 대구를 추가해 삶는다. 대구 살이 너무 두꺼우면 몇 분 더 익힌다.
4. 감자와 대구를 꺼내서 물기를 빼고, 삶고 난 물 2큰술을 따로 보관한다.
5. 프라이팬을 가열하고 올리브유를 살짝 두른 후 마늘을 갈색으로 굽는다.
6. 마늘이 노릇해지면 파프리카가루와 화이트 와인 1컵을 넣은 뒤 끓여 알코올을 증발시킨다.
7. ⑥에 감자와 대구를 삶은 물을 추가한다.
8. 접시 바닥에 감자를 깔고 그 위에 대구 살을 올린 후 ⑦의 소스를 뿌린 다음 다진 파슬리로 장식한다.

TIP

- 아이들과 먹을 때에는 와인 대신 감자와 대구를 삶은 물을 넣는다.
- 대구는 스페인식 염장 대구 혹은 생대구의 두툼한 부위를 사용한다. 염장 대구가 아닌 생대구로 조리할 시에는 소금 간을 더한다.

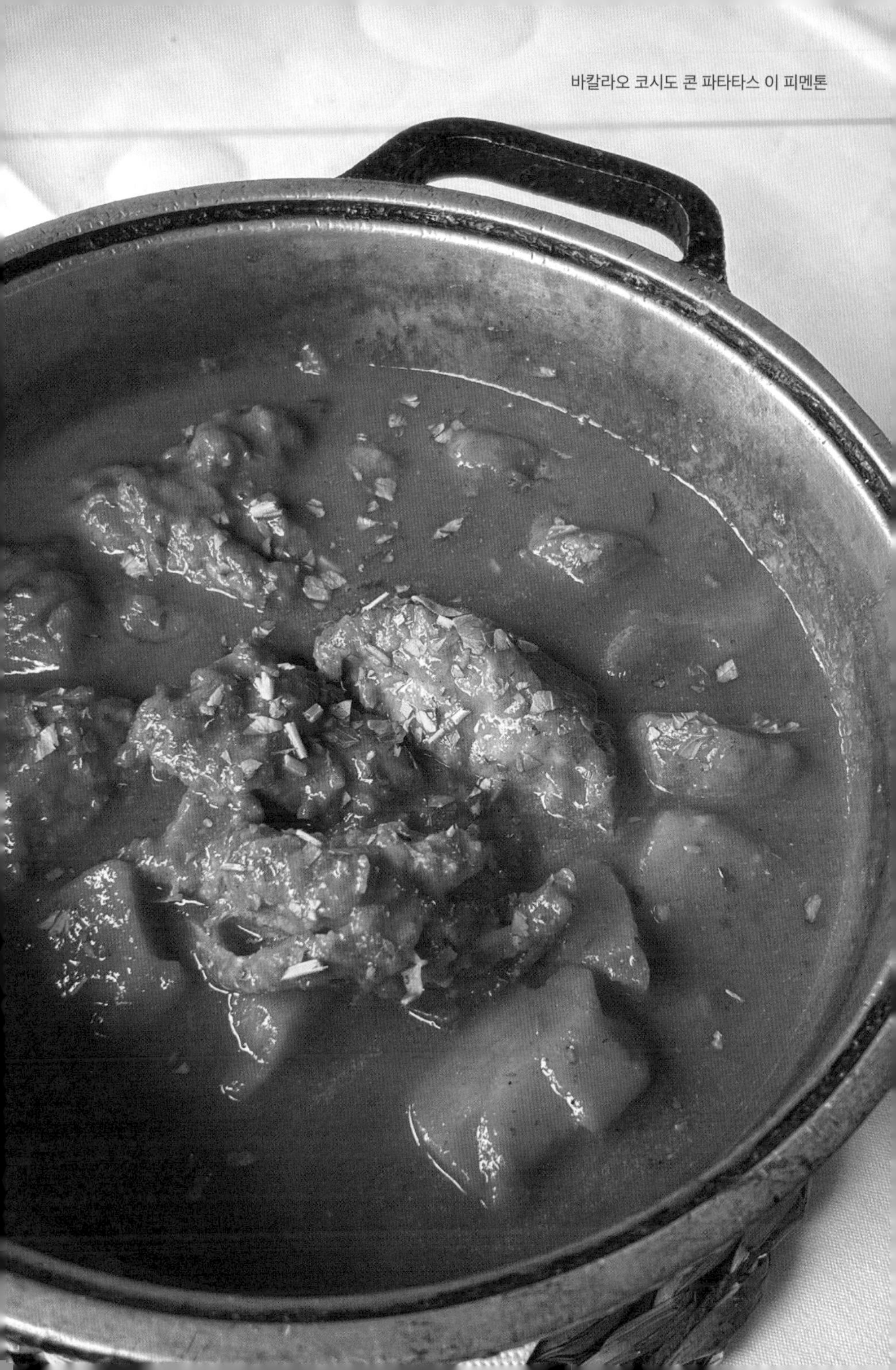

바칼라오 코시도 콘 파타타스 이 피멘톤

•바스크 지방 스타일의 대구 요리•

—

바칼라오 아 라 비스카이나

Bacalao a la vizcaina

주요 소스 몇 가지 만드는 법만 익히면 모든 웬만한 스페인 요리는 만들 수 있다. 다만 비슷한 식재료를 사용해 조리해도 지역마다 맛이 약간씩 달라지는 것은 의외로 지방색이 강한 말린 고추 같은 향신료 때문이다. 바스크 지방에서 자주 사용하는 초리소 고추(피미엔토스 초리세로스Pimientos Choriceros)처럼 조금 사용하는 것만으로 지방 고유의 맛을 내는 결정적인 요소로 작용한다. 북쪽 지방을 여행할 때 시장이나 식품점에서 마른 고추를 엮어 매단 것을 본다면 초리소 고추일 확률이 높다. 카탈루냐 지방에서는 페브로트 데 로메스코Pebrot de romesco라는 이름으로 불리고, 전통 로메스코 소스를 만들 때 꼭 필요한 재료다. 초리소 고추와 페브로트 데 로메스코 고추는 비슷한 향과 맛을 내는 맵지 않은 고추다. 다른 종이라 모양은 약간 다르다. 반면 스페인 남쪽 알리칸테나 무르시아에서는 뇨라를 말려 사용한다. 비슷해 보이지만 이런 고춧가루가 맛을 결정하는 요인으로 작용하기도 한다. 스페인 요리가 어려운 것은 이 미묘한 맛과 향을 알고 사용해야 하기 때문이다. 스페인 사람이라도 전통 요리 파에야에 사용하는, 세상에서 가장 비싼 향신료라고 불리는 황색 사프란의 맛을 아는 이가 드물다. 그럼 초리소 고추의 맛을 알아보자.

● 재료(2인분)

소금에 절인 대구 8토막(어른 손바닥 크기), 초리소 고추 5개, 양파 3개, 엑스트라 버진 올리브유 5큰술, 물 200ml, 토마토 1개, 식빵 1조각

● 요리법

1. 고추는 12시간 정도 찬물에 미리 담가 둔다.
2. 양파는 껍질을 벗기고 다진다. 토마토는 1cm 정도 크기로 자른다.
3. 빵을 작게 잘라 노릇해질 때까지 기름에 구운 후 꺼내서 다른 용기에 담는다.
4. 다른 팬을 불에 올려 기름을 두르고 다진 양파를 약한 불로 볶는다.
5. 칼로 초리소 고추 안쪽의 과육을 긁어 낸다. 가루로 만든 것을 대신 사용해도 된다.
6. 양파가 든 팬에 고추 과육과 토마토를 넣는다. 기름에 구운 빵을 추가한 후 5분 동안 조리한다.
7. 물을 끓인 뒤 여섯 번 정도 나누어 부어 가며 5분 정도 더 조리한다.
8. ⑦의 소스를 블렌더로 간다.
9. 소스의 절반을 넣은 점토 냄비 혹은 팬을 중불에 올리고, 그 위에 생선을 껍질이 위로 향하게 올린 다음 나머지 소스로 덮는다.
10. 대구의 젤라틴을 빠져나와 소스와 잘 섞일 수 있도록 냄비나 팬을 살살 흔든다. 끓기 시작하면 불을 끈다.

TIP

· 초리소 고추는 스페인 요리에 자주 사용하는 고추 중 하나다. 마른 고추를 물에 충분히 불린 다음 과육을 긁어 사용한다. 한국에서 조리할 때는 마른 초리소 고추 대신 비교적 손쉽게 구할 수 있는 붉은 파프리카가루로 대체한다.

타파스와 핀초스

PIMENTON
DULCE EXTRA
SUPERIOR

P.V.P
KILO 16'00

P.V.P
100 1'60
GRMS

초리소 고추

• 부드럽고 고소한 파인애플 새우 꼬치 •

핀초스 콘 엔살라디야 데 칸그레호,
살사 로사 이 감바스

Pinchos con ensaladilla de cangrejo, salsa rosa y gambas

• **재료(8개)**

게살 250g, 새우 8마리, 파인애플 100g, 로사 소스 4큰술, 바게트 8조각

• **요리법**

1. 게살을 실 모양으로 잘게 찢는다.

2. 새우를 삶는다.

3. 파인애플을 1cm 크기로 깍둑썰기한다.

4. 그릇에 게살, 파인애플, 로사 소스를 넣고 잘 섞는다.

5. 길게 어슷썰기한 바게트에 준비한 ④를 펴 바른다. 그 위에 익힌 새우를 올린다.

TIP 로사 소스_{Salsa rosa} **만들기**

마요네즈 200g, 케첩 4큰술, 오렌지즙(혹은 레몬즙) 2큰술, 위스키(혹은 브랜디) 2큰술(선택사항)에 소금과 후춧가루를 기호에 맞게 적당히 넣고 함께 섞는다. 해산물 요리에 잘 어울리는 소스다.

• 훈제 연어, 새우, 안초아의 근사한 삼합 •
—

살몬 아우마도 콘 랑고스티노스
이 안초아스 콘 마요네사

Salmón ahumado con langostinos y anchoas con mayonesa

● **재료(10개)**

훈제 연어 100g, 새우 10마리, 올리브유에 절인 안초아 1캔(병), 달걀 3개, 버터 1
작은술, 바게트 10조각

● **요리법**

1. 달걀을 완숙으로 삶아 식힌 후 단면이 동그랗게 1cm 두께로 자른다.

2. 새우를 삶아 껍데기를 깐다.

3. 버터를 두른 팬에 길게 어슷썰기한 바게트를 넣고 노릇하게 굽는다.

4. 구운 빵 위에 훈제 연어, 달걀, 새우, 안초아를 순서대로 올린다.

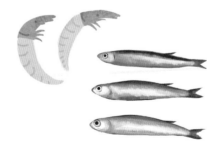

메히요네스 아 라 마리네라

Mejillones a la marinera

홍합은 아이와 어른 모두 좋아하는 조개다. 스페인에서도 홍합 요리는 타파스 식당의 주요 메뉴판에서 빠지지 않는다. 메히요네스 아 라 마리네라는 삼면이 바다로 둘러싸인 스페인 어느 지역에서나 맛볼 수 있는 메뉴다. 바다의 짠맛과 단맛을 지닌 쫄깃하고 부드러운 홍합은 통통하게 살이 오르는 가을부터 시작해서 봄까지 접할 수 있다. 바람이 차갑고 햇살이 좋은 날에 바다를 보면서 홍합을 까먹고 파프리카가루로 향을 낸 소스에 빵을 적셔서 먹는 것은 지중해 곁에 사는 내가 즐기는 작은 행복 중 하나다. 마리네라 소스 홍합은 한국 가정에서 만들어 먹기 쉬운 요리니 꼭 만들어 보자! 요리를 즐긴다면 스페인 여행 중 꼭 사야 하는 향신료는 어쩌면 파프리카가루일지도! 손님 초대 상에 예쁜 냄비째 따끈하게 내놓아도 근사해 보이고 인기 만점 요리다.

• 재료(2~4인분)

홍합 600g, 파프리카가루 20g, 밀가루 25g, 올리브유 10ml, 신선한 파슬리 1큰
술(다진 것), 마늘 1쪽, 물 200ml, 소금 한 꼬집

• 요리법

1. 마늘은 다진 뒤 올리브유를 두른 넉넉한 냄비에 넣고 볶는다.

2. ①에 파프리카가루를 넣고 2초 정도 볶은 후 밀가루를 넣는다.

3. ②에 물을 넣고 잘 섞은 후 10분 정도 끓여 걸쭉한 소스를 만든다. 준비한 파슬
   리를 반만 넣는다.

4. ③에 홍합을 넣고 입이 벌어질 때까지 끓인다.

5. 그릇에 담을 때 소금으로 간한다. 남은 파슬리를 뿌린다.

메히요네스 아 라 마리네라

메히요네스 티그레

Mejillones tigre

스페인 타파스 중 '호랑이'라고 불리는 매콤한 홍합 요리가 있다. 커다란 홍합 껍데기에 속을 가득 채워서 튀긴 요리로 약간 매콤한 맛과 고소한 맛이 어우러져 술이 술술 넘어간다. 동네 단골 바에서 이 홍합 요리를 처음 먹어 봤다. 요리사인 카르멘이 이것저것 새로운 타파스를 즐기는 나에게 금방 만든 뜨거운 '호랑이'를 맛볼 수 있게 해 줬다. 쫄깃한 홍합 살과 톡톡 튀는 식감의 새우를 소스와 버무려 홍합에 가득 채우고 빵가루를 입혀 바삭하게 튀긴 요리다. 겉과 속의 맛과 질감의 대비되는 조합에 작은 탄성이 터졌던 기억이 난다. 넘치는 정으로 가득했던 그날의 기억 덕분에 메히요네스 티그레(혹은 메히요네스 레예노스_{Mejillones rellenos})는 내게 더욱 특별한 타파스가 되었다. 홍합 크로켓 정도로 상상해 보면 어떤 음식인지 이해하는 데 도움이 될 듯하다. 정년퇴직을 한 카르멘의 요리를 더 이상 못 먹는 것이 개인적으로 참 아쉽다.

• 재료(4인분)

홍합 1kg, 껍질을 벗긴 새우(혹은 흰 살 생선) 150g, 토마토소스 150g, 화이트 와인 100ml, 양파 1개, 마늘 2쪽, 매운 고추 1개, 올리브유 적당량, 달걀 2개, 튀김용 빵가루 100~150g, 소금 한 꼬집, 후춧가루 한 꼬집

• 요리법

1. 껍데기를 잘 닦은 후 깨끗이 손질한 홍합을 찬물이 담긴 냄비에 넣어 끓인 후에 입이 모두 열리면 불을 끈다. 칼을 사용하여 홍합 살을 껍데기에서 분리한다.

2. 홍합 살과 새우를 최대한 작게 다진다. 마늘, 양파, 고추도 다진다. 프라이팬에 기름을 두르고 양파를 볶다가 마늘을 추가한다. 양파가 투명하게 익으면 매운 고추와 와인을 넣고 센불에 알코올이 날아가게 끓인다. 토마토소스를 추가하고 끓기 시작하면 마지막으로 다진 새우와 홍합 살을 넣는다. 소금과 후춧가루로 간을 하고 불을 끈다.

3. 베샤멜 소스를 준비한다.

4. 베샤멜 소스에 ②의 재료를 잘 섞는다. 준비된 재료가 잘 퍼지게 바닥이 넓은 용기를 사용한다. 표면이 굳지 않게 랩으로 덮어 실온에서 식힌 후 밤새 냉장고에 넣어 둔다.

5. 숟가락을 사용하여 ④로 홍합 껍데기의 속을 채운다.

6. 속을 채운 홍합에 달걀물을 입히고 빵가루를 묻힌다.

7. 홍합이 완전히 잠길 정도로 기름을 넉넉히 두르고 팬이 뜨거워지면 홍합 속을 채운 쪽이 팬의 바닥에 닿게 넣고 튀긴다. 홍합을 채운 부분이 노릇하게 익으면 키친타월 위에 올려 기름기를 뺀다.

TIP

베샤멜 소스 만드는 법은 112쪽을 참고한다.

타파스와 핀초스

메히요네스 티그레

피데오스 칼도소스 콘 메히요네스

주말에 가족이 모여 함께 먹는 홍합 파스파

Fideos caldosos con mejillones

소면처럼 얇고 마른 파스타와 이 면을 이용한 요리를 피데오스라 부른다. 쌀로 요리한 파에야처럼 다양한 식재료와 조리법으로 피데오스를 만들 수 있다. 홍합 피데오스는 스페인 일반 가정에서 가족이 모이는 주말 점심 식탁에 자주 오르는 메뉴다. 우리가 스페인 음식 이름으로 알고 있는 파에야는 실은 프라이팬을 지칭한다. 약간 높이가 있는 프라이팬에 올리브유를 넣고 마른 피데오스를 볶다 재료를 순서대로 넣고 국물을 자작하게 졸여 먹는 스페인 전통 음식이다. 새우를 추가해도 좋다. 카탈루냐 지방에서는 알리올리를 곁들여 먹는다.

맛있는 피데오스를 만들려면 퍼지지 않고 탄력 있게 면발을 유지하기 위해 볶아야 한다. 이탈리아 파스타 알덴테처럼 씹는 맛이 있어야 제대로 만든 요리로 친다. 결국 파에야와 피데오스 조리법은 쉬워 보이는데 제대로 된 식감을 살리려면 시간과 경험이 쌓여야 한다. 피데오스가 없으면 스파게티 중 가장 가는 면을 손으로 뚝뚝 잘라 이용하는 것도 괜찮은 방법이다. 스페인 슈퍼마켓에서는 2~3cm 길이로 잘린 피데오스를 손쉽게 구입할 수 있다.

• 재료(2~3인분)

홍합 100~120g, 생선 육수 20g, 피카다 5g, 소프리토 30g, 피데오스 180g, 엑스트라 버진 올리브유 2큰술, 화이트 와인 2큰술, 소금 한 꼬집, 후춧가루 한 꼬집

• 요리법

1. 냄비나 양쪽 손잡이가 달린 파에야 요리 전용 프라이팬에 올리브유를 두르고 피데오스를 볶는다.
2. 노릇하게 피데오스가 볶아지면 소프리토를 넣고 2분 정도 더 볶는다.
3. ②에 화이트 와인과 생선 육수, 피카다 1큰술을 넣은 후 10분 정도 끓인다.
4. ③에 홍합을 넣고 뚜껑을 덮어 입이 벌어질 때까지 5분 정도 끓인다.
5. 기호에 따라 마지막에 소금과 후춧가루로 간을 한다.

TIP

• 소프리토 소스와 피카다 소스 만드는 법은 105, 107쪽을 참고한다.
• 향을 내기 위해 사프란이나 맵지 않은 파프리카가루를 첨가해도 좋다.
• 홍합 대신 모시조개나 다른 조개를 사용해도 된다.

타파스와 핀초스

해산물 피데오스

핀초스 추천 메뉴

길다, 안초아스 아세이투나스 이 긴디야스Gilda, anchoas aceitunas y guindillas: 입맛 돋 우는 새콤, 짭조름한 최고의 핀초스

케소 콘 안초아스Queso con anchoas: 치즈와 안초아의 조합

보카디토스 데 안초아스 콘 토마테 이 마요네사Bocaditos de anchoas con tomate y mayonesa: 짭조름한 안초아와 고소한 마요네즈의 만남

브로체타스 콘 랑고스티노스Brochetas con langostinos: 새우 베이컨 꼬치

엔살라다 데 피미엔토스 콘 아툰Ensalada de pimientos con atun: 고추와 참치로 만든 매우 스페인적인 샐러드

살몬 아우마도 콘 랑고스티노스 이 안초아스 콘 마요네사Salmon ahumado con langostinos y anchoas con mayonesa: 바다 최고의 재료인 연어, 새우, 안초아로 만든 핀 초스

하몬 콘 토마테 안초아스 이 비나그레타Jamón con tomate anchoas y vinagreta: 하몬, 토 마토, 안초아 조합이 만든 스페인 핀초스의 대표 메뉴

하몬 이베리코 콘 피미엔토스 베르데스 이 안초아스Jamón iberico con pimientos verdes y anchoas: 하몬, 안초아, 신선한 고추를 넣은 요리

살몬 콘 랑고스티노스 이 수리미Salmon con langostinos y surimi: 연어와 게맛살의 감 칠맛 나는 조화

봄본네스 데 모르시야 레예노스 데 케소 데 카브라Bombones de morcilla rellenos de queso de cabra: 순대와 염소 치즈를 섞어 튀긴 핀초스

칼라바신 콘 하몬 이 케소Calabacín con jamón y queso: 하몬과 치즈를 얹은 애호박전

오할드레 데 초리소 이베리코 콘 우에보스 데 코도르니스Hojaldre de chorizo iberico con huevos de codorniz: 최상의 초리소 핀초스

엔살라디야 루사 콘 안초아스 델 칸타브리코Ensaladilla rusa con anchoas del cantabrico: 감자 샐러드에 안초아를 곁들인 요리

브로체타 데 참피뇨네스 하몬 이 피미엔토스Brocheta de champiñones jamón y pimientos: 양송이, 하몬과 살짝 구운 고추

크로케타스 데 바칼라오 카세라스Croquetas de bacalao caseras: 대구 살로 만든 크로켓

크로케타스 데 블레투스Croquetas de boletus: 버섯으로 만든 크로켓

크로케타스 데 하몬 이베리코Croquetas de jamón iberico: 하몬으로 만든 크로켓

• TAPAS & PINCHOS •

부록

시장 이야기

누군가 여행지에 가면 꼭 하는 것이 무엇이냐고 묻는다면, 나는 먼저 오래된 시장을 방문하는 일을 꼽는다. 그리고 실제로 내게 이런 질문을 하는 사람들이 꽤 많다. 걷기를 좋아하는 나는 여행지 호텔을 정할 때도 웬만하면 가고 싶은 곳을 걸어서 다닐 수 있는 지역을 1순위로 정한다. 대개는 시장, 공원, 박물관이 가까운 곳을 선호한다. 모든 곳이 가까울 수는 없지만 두 번 이상 방문할 곳 근처에 있는 호텔이 우선순위로 꼽힌다. 그리고 여행지 맛집이나 식당을 검색할 때도 항상 먼저 시장을 찾아 표시해 둔다. 나의 시장 사랑은 비단 여행 다닐 때만 해당하는 것이 아니다. 매주 화요일에 서는 우리 동네 시장과 집에서 15km 정도 떨어진 도시에서 매주 토요일에 열리는 식료품 시장, 일요일에 열리는 골동품 시장을 어슬렁거리기를 즐기는 사람이다. 평상시에도 머리가 복잡할 때는 시장을 찾아간다. 색색이 쌓인 풍성한 먹거리와 향기로운 과일 향이 가득한 시장을 걸으면 기분 전환에 최고다. 시장을 산책한다고 하면 이상하게 들리겠지만 나는 신선한 채소와 과일 사이를 걷는 것만으로도 내 몸에 해독 작용이 일어나는 기분을 느낀다.

여행 중 시장 입구에 발만 들여놓아도 그 나라와 도시에서만 맡을 수 있는 독특한 향기를 맡을 수 있다. 도시에 삶의 둥지를 튼 이들이 무얼 먹고 사는지 시장을 천천히 한 번 돌고 나면 그들의 먹거리와 음식 문화를 대충 접할 수 있다. 시장에서는 코가 가장 먼저 킁킁거리며 반응하고 그 다음에는 눈이 반짝 떠진다. 오직 자연만이 만들어 낼 수 있는 싱그럽고 화려한 색상의 탐스러운 채소와 과일이 잔뜩 쌓인 것만 봐도 이미 부자가 된 것처럼 든든하고 행복해진다. 시장에서 먹고 싶은 이국적 과일 여러 종류를 사고 치즈, 소시지, 올리브 같은 지역색이 강한 음식과 와인을 사 들고 와서 호텔이나 공원과 같은 낯선 공간에서 간단히 상을 차려 먹는 것은 항상 여행 중 최고의 경험과 기억을 선물한다.

바르셀로나 보케리아 시장

바르셀로나 관광 명소 람블라 거리 중간에 자리한 보케리아 시장Mercat de la Boqueria은 도시의 심장 같은 곳이다. 모든 싱싱한 생명과 에너지를 응축해 모아 만든 시장 같다. 핏줄처럼 복잡하고 정교하게 얽히고설킨 도시의 골목길과 크고 작은 광장에 피와 영양을 공급하는 심장 같다. 수많은 유명 식당에서 만들어지는 요리의 음식 재료를 공급하는 젖줄 같은 시장이다. "보케리아에서 찾을 수 없는 것은 바르셀로나에는 없다"라는 말이 있을 정도다.

1년 내내 활기가 넘치는 람블라 거리에 노천 시장이 크게 활성화되자, 1942년 14세기 성직자들의 거처로 마련된 건물의 파사드

바르셀로나 보케리아 시장 © Mercat de la Boqueria

는 그대로 유지하고 내부를 개조해 시장으로 사용하기 시작했다. 그리고 20세기 말 내부 시설물을 현대적으로 재정비하여 현재 보케리아의 면모를 갖추게 된다. 다행히 두 번의 큰 변화를 가지면서도 외부를 크게 손상시키지 않아 중세의 아름다운 건축물을 감상할 수 있다. 검게 칠한 굵은 철물 구조와 기둥, 화려한 스테인드 글라스가 조화로운 정문에서 보케리아 시장의 아름다움에 감탄하게 된다. 실내로 들어서 조금 더 현대적으로 단장된 상점마다 풍성하게 매달리고 쌓인 하몬, 고기, 생선, 채소와 과일을 보면 누구나 감탄사를 터트린다.

'오늘은 뭐 먹지?', '음, 요즘 뭐가 제철이지?', '싱싱한 참치가 들어왔을까?', '하몬 맛은 어떨까?' 시장을 둘러보는 사람들 머리 위에 말풍선을 그려 본다면 아마도 나처럼 이런 생각을 하고 있지 않을까?

시장 여기저기에서 풍겨 오는 달콤하고 짭조름한 냄새, 구수하고 담백한 냄새, 싸하고 새콤한 냄새, 찝지름하고 비릿한 냄새, 심지어 발효시킨 곰팡이같이 이국적인 냄새까지 시장 안에서는 향기에 매료된다.

보케리아 시장에는 놓쳐서는 안 될 멋진 경험도 준비되어 있다. 시장 주변에 위치한 바에서 지중해식 시장 요리를 맛보는 즐거움이다! 두세 사람이면 꽉 찰 정도의 협소한 공간에서 익숙한 몸놀림과 분주한 손길로 조리하는 모습은 가히 경이롭다. 팬에 올리브유를 두르고 마늘을 잔뜩 넣고 빠르게 조개를 볶는 풍경(아름다운 풍경이다), 구운 빵에 토마토를 비벼 바르고 진초록의 엑스트라 버진 올리브유를 뿌려 능숙하게 판 콘 토마테를 만드는 모습을 보는 동안 입안에 군침이 가득 차오른다. 시장에서 판매하는 신선한 제철 재료로 조리하는 바에서 다양하고 신선한 타파스를 맛볼 수 있다. 신선한 올리브유에 다진 마늘과 버섯을 넣고 볶다 연분홍 하몬 조각을 넣어 조리하는 요리, 이 세상의 초록빛이 아닌 것처럼 선명하고 짧고 통통한 고추를 뜨거운 올리브유에 볶다가 굵은소금을 훅 뿌려 완성한 피미엔토 데 파드론, 갖은 허브로 양념

해 튀겨 낸 닭 날개는 와인을 절로 부른다. 엘 킴 데 라 보케리아El Quim de la Boqueria의 타파스는 이미 정평이 나 있어 긴 줄을 기다리는 고통을 참을 만한 가치가 있다. 바르셀로나에서 가 봐야 할 식당도 많고 먹고 싶은 것도 많겠지만 부디, 시장 식당의 정통 타파스를 지나치지 말길!

마드리드 산미겔 시장

마드리드의 관광 명소이며 스페인 언어 교과서에도 빼놓지 않고 등장하는 그 유명한 마요르 광장을 중심으로 사방팔방으로 통하는 입구 중 하나가 산미겔 시장Mercado de San Miguel으로 연결된다. 양 떼처럼 많은 사람이 움직이는 방향을 따라가다 보면 십중팔구 시장으로 통한다. 늘 관광객으로 붐비지만 점심이나 저녁 시간 전 타페오Tapeo(타파스를 먹는 행위를 일컫는 말)를 하는 시간에는 현지인도 많이 찾는 곳이다. 평소의 나는 북적이는 곳을 싫어하지만, 시장 구경만큼은 사람 사는 모습을 구경하는 일이기도 하니 희한하게 사람이 차고 넘쳐도 발을 들이게 된다.

100년 넘은 아름다운 철근 구조물과 기둥 사이의 벽을 허물고 2009년 대대적인 공사를 통해 유리 벽으로 교체해 안이 훤하게 들

마드리드 산미겔 시장 © Mercado de San Miguel

여다보이고 자연광이 최대한 들게끔 개조했다. 그리고 음식 재료를 파는 전통 시장에서 스페인 전 지역의 전통 요리나 타파스를 먹을 수 있는 미식 시장으로 변신했다. 현재 유서 깊은 산미겔 시장은 스페인 지방과 도시의 풍미를 한 곳에서 맛볼 수 있으며, 세계의 주요 미식 시장 중 하나로 손꼽힌다. 가판대처럼 꾸려진 20여 개의 바와 식당이 들어서 있고 그중에는 미슐랭 스타를 받은 곳도 몇 군데 있어서 점점 더 유명해지고 있다. 호안 로카Joan Roca(미슐랭 3스타 셰프)가 만든 천연 아이스크림, 로드리고 데 라 카예Rodrigo de la Calle(미슐랭 1스타 셰프)의 파에야, 그리고 아르자발 마켓Arzabal

　　　　　　　　　　　　　　타파스와 핀초스

Market의 전통 타파스는 줄을 서야 할 충분한 가치가 있다.

스페인에서 가장 유명한 하몬과 파에야를 비롯해 생선, 고기, 엠부티도, 조개류, 치즈, 전통 꼬치, 각종 올리브 등 다양한 종류의 타파스와 곁들이를 즐길 수 있다. 다양한 음료와 와인, 후식을 파는 가판대도 있다. 시장 중심에는 앉거나 음식을 먹을 수 있는 테이블과 의자도 준비되어 있지만 경쟁이 너무 치열하니 스페인의 식사 시간을 피하고 조금 이르거나 늦은 시간에 가는 것을 추천한다. 활기가 넘치는 마드리드의 미식 식당은 그냥 지나쳐서는 안 될 곳이다.

발렌시아 중앙 시장

스페인 여러 도시에 있는 많은 시장을 다녀 봤지만 내가 최고로 좋아하는 곳은 발렌시아 중앙 시장Mercat Central이다. 1928년 유명 건축가들의 협력으로 발렌시아 모더니즘 양식으로 건축된 시장은 도시 중심에 자리하며 광장과 세 개의 길로 문을 두어 도시의 여러 지역에 닿는다. 중앙의 천장은 돔 모양으로 건축해 자연광을 최대한 받아들여서 시장 전체가 밝은 빛으로 가득하며 꽃, 잎, 과일 등으로 장식한 아름다운 타일과 조화롭게 어우러져 입구에 들어서는 순간 기분이 화사해지는 마법을 경험할 수 있다.

오렌지와 감귤류가 가장 많이 생산되는 지역이니 시장 여느 가판대마다 향기로운 과일이 넘치게 쌓여 있고 야채, 육류, 해산물과 향신료를 파는 1,200개의 상점이 들어서 있다. 특히 눈여겨봐야 할 이곳의 명물은 발렌시아어로 오르차타Orxata(스페인 공용어로 Horchata)라고 불리는 음료를 파는 오르차테리아 메르카트 센트랄 Orxateria Mercat Central이다. 우리에게 '타이거 넛츠Tiger nuts'로 알려진 '추파Chufa'라는 열매의 즙을 내서 마시는 음료다. 여름철 더위도 이기게 해 주고 건강도 지켜 준다는 발렌시아 전통 음료다. 또한 파르톤Farton이라는, 우리에게 익숙한 모닝빵 맛과 비슷한 어른 손바닥 길이의 부드럽고 긴 빵을 오르차타에 찍어 먹는다. 아이들 간식으로도 많이 마시고 먹는다. 한번 맛을 들이면 여름에 오르차타 없이 살 수 없다는 말이 나올 정도로 달콤하고 구수한 매력이 있는 음료다. 다만 신선한 만큼 냉장고 안에서조차 오래 보관할 수 없다. 그 자리에서 사서 시원하게 마시는 것이 최고다. 발렌시아 시장에서는 반드시 오렌지나 감귤을 사서 바로 까먹어 보자. 지금까지 당신이 알던 오렌지 향과 맛과는 확연히 다른 미각 세상을 열어 줄 것이다. 그리고 시장의 맛집 센트랄 바르Central Bar에서 막 짜낸 오렌지 주스와 푸짐하고 맛있는 보카디요(스페인식 샌드위치)로 아침을 여는 것은 발렌시아 여행을 시작하는 최고의 방법이다.

발렌시아 중앙 시장

—

스페인 최고의
타파스 및 핀초스
식당을 찾아서!

—

바르셀로나

코즈모폴리턴 도시 바르셀로나는 꼭 가 봐야 할 세계의 도시는 물론 세상에서 가장 아름다운 도시로 선정되어 관광지로의 명성을 쌓고 있다. 전 지구인이 찾는 도시의 명성은 다른 무엇보다 요리의 눈부신 발달로 이어진다. 음식이 배고픔을 달래는 수단에서 하나의 문화로 자리매김하고 있는 현상은 세계적 추세임이 분명하다. 인터넷과 SNS의 발달로 정보 공유가 순식간에 이루어지는 세상에서 바르셀로나의 맛집 리스트는 빠르게 변화를 맞이하고 있다. 그리고 이런 세상에서 한국인인 내가 스페인 요리책을 쓰는 일이 벌어지고 있다!

나는 바르셀로나는 눈 감고도 다닐 수 있다고 과언해도 될 만큼 도시의 이곳저곳을 세세하게 아는 사람이다. 현재는 바르셀로나에서 90km 떨어진 남쪽 바닷가 시골 마을에 살고 있지만, 일이나 공연을 보러 바르셀로나에 갔다가 볼일을 마치면 새로 생긴 맛집을 탐방한다. 나의 바르셀로나를 향한 사랑은 그곳을 떠나 살면서 더 깊고 커진 것 같다. 오래된 빵집부터 최근 가장 인기 있는 빵집은 물론 칵테일 바와 식당까지 지역마다 두루두루 꿰고 있다. 전처럼 친구들과 밤새 거리를 배회하지는 않지만 다양하고 알찬 먹거리 지도는 젊었을 적에 알던 것보다 훨씬 확장되었다.

"전 세계를 돌고 돌아와 보른에서 타파스를 즐긴다Roda el món I

torna a tapejar al Born"라는 옛말이 중세부터 전해질 정도로 항구에서 가까운 지역 보른은 일찍부터 지중해식 요리, 해산물 요리와 타파스의 성지라고 할 만하다. 항시 관광객으로 성시를 이루는 고딕지구와 중심가도 타파스 지도가 매달 수정될 정도로 빠르게 변화하고 있다. 바르셀로나에 대한 애정과 사랑 때문에 추천 리스트를 줄이는 것이 너무 힘들었다. 하지만 책이 10년 후에도 판매된다는 가정하에 절대 사라지지 않을, 나의 애정이 듬뿍 담긴 목록을 공개한다.

엘 킴 데 라 보케리아El Quim de la Boqueria

Mercado de La Boqueria, La Rambla, 91, 08001 Barcelona
🏠 elquimdelaboqueria.com 📷 @elquimdelaboqueria

개인적으로 시장 음식에 대한 향수와 믿음 같은 것을 가지고 있어, 여행 지의 시장 식당에서 꼭 한 끼는 먹는 편이다. 바르셀로나의 유명 시장인 보케리아에서는 엘 킴 데 라 보케리아를 최고로 꼽겠다. 시장 안에 있는 식당이니 재료의 신선함은 말할 필요도 없다. 전통에 퓨전 조리법이 가미되어 다양한 맛과 향을 즐길 수 있다. 제철 버섯(세타스 데 템포라다Setas de temporada), 아스파라거스는 금방 산과 들에서 꺾어 온 것처럼 향기롭다. 고급 식당처럼 편안한 자리는 아니지 만 고추냉이 마요네즈를 곁들인 안달루시아 스타일의 오징어(칼라마레스 아 라 안달 루사 콘 마요네사 데 와사비Calamares a la andaluza con mayonesa de wasabi)처럼 퓨전 요리 는 물론 달걀프라이(우에보스 프리토스Huevos fritos)처럼 단순한 음식도 반할 정도로 맛있어 불편함 정도는 금세 잊을 수 있는 명소다.

엘 킴 데 라 보케리아

라 코바 푸마다_{La Cova Fumada}

Carrer del Baluard, 56, Ciutat Vella, 08003 Barcelona
www.lacovafumada.com @la_cova_fumada

1944년에 문을 연 라 코바 푸마다는 해변과 항구 사이의 바르셀로네타
지역의 전설적인 바이며 전통적인 타파스를 맛볼 수 있다. 그 유명한 봄
바_{Bomba}가 탄생한 곳이다. 폭탄이란 뜻의 봄바는 감자 안에 간 고기를 잔뜩 넣어
바삭하게 튀겨 만든 음식이다. 소 머리와 목살로 만든 카탈루냐 전통 요리인 카프
이 포타_{Cap i pota,} 구운 오징어(칼라마르 아 라 파리야_{Calamar a la parrilla})와 같은 지중
해 요리를 추천한다.

감자 크로켓

라 플라타 La plata

Carrer de la Mercè, 28, Ciutat Vella, 08002 Barcelona

🏠 barlaplata.com 📷 @barlaplata

생선튀김 전문점. 라 플라타는 생선튀김(프리투라 데 페스카이토Fritura de pescaóto, 페스카도스 프리토스Pescados fritos), 안초아와 올리브를 곁들인 토마토 양파 샐러드(엔살라다 데 토마테 이 세보야 콘 아세이투나스Ensalada de tomate y cebolla con aceitunas), 안초아 꼬치(핀초 데 안초아Pincho de anchoa) 같은 심플한 타파스로 70년이 넘는 동안 고딕 지구 최고의 타파스 가게로 꼽힌다. 평범해 보이지만 모든 식재료는 엄선된 것을 사용한다. 장식도 없는 아주 평범한 작은 접시에 무심하게 담겨 나오는 생선튀김과 토마토 샐러드는 정말 비교할 곳이 없을 정도로 제맛을 내는 신선하고 맛있는 음식이다. 누군가 바르셀로나 타파스 식당에 관한 정보를 묻는다면 여전히 이곳을 추천한다. 바르셀로나 요리사들도 즐겨 찾는 맛집이다.

칼 펩 Cal Pep

Plaça de les Olles, 8, Ciutat Vella, 08003 Barcelona

🏠 www.calpep.com 📷 @calpepbcn

맛집이 많은 보른 지역에서 1990년대부터 맛집 목록에서 빠지지 않고 명성을 유지하는 칼 펩의 타파스는 대부분 즉석요리다. 고객이 보는 앞에서 재료를 고르고 즉시 조리하는 매력적인 곳이다. 칼 펩의 요리는 신선한 제철 식재료의 맛을 최대한 살리는 조리법을 고수해 특별한 소스를 사용하거나, 장식적이거나, 정교함과 먼 요리다. 하지만 한번 맛보면 줄을 서는 수고로움 정도는 아무것도 아니게 된다. 좁은 긴 바에 일렬로 앉고 자리도 넉넉하지 않지만 불편함을 감수하고 꼭 방문할 가치가 있는 식당이다. 30년 이상 전통을 고수하는 칼 펩에서는 가장 맛있다고 손꼽히는 토르티야와 병아리콩을 곁들인 오징어(세피아 콘 가르반소스Sepia con garbanzos)는 꼭 먹어 봐야 하는 요리다.

키메트 이 키메트Quimet y Quimet

Carrer del Poeta Cabanyes, 25, Sants-Montjuïc, 08004 Barcelona

⌂ quimetiquimet.com ◯ @quimet.quimet

1914년부터 이어 온 키메트 이 키메트는 선술집이라는 수식이 어울린다. 4대째 자체 맥주를 만들고, 수도꼭지가 달린 통에서 바로 따라 주는 최고의 베르무트Vermut*를 마실 수 있다. 천장까지 진열된 500여 병의 와인만 봐도 이 선술집의 전통과 역사가 보인다. 주방이 따로 없는 선술집은 모든 몬타디토스 Montaditos**와 타파스를 바에서 직접 준비한다. 연어, 요구르트, 트뤼프 꿀을 곁들인 몬타디토(몬타디토스 데 살몬, 요구르 이 미엘 트루파다Montaditos de salmón, yogur y miel trufada) 또는 아티초크와 토마토 절임(토마토 콘피타도Tomate confitado)을 꼭 맛보길!

---

*   베르무트는 허브 향이 첨가된 와인의 한 종류다. 성분은 와인에 토닉 물질로 구성되며 향쑥과 쓴맛을 지닌 허브로 맛을 낸다. 베르무트는 크게 당도를 측정 기준으로 삼아 달콤한지(설탕 12~20%) 또는 드라이한지(설탕 3~5%)에 따라 구분한다. 혹은 색상에 따라 주로 블랙 베르무트와 화이트 베르무트로 분류한다. 알코올 농도는 15도에서 22도 사이고 주로 식전주로 즐겨 마신다. 우리에게도 익숙한 캄파리Campari나 마티니와 같은 술로 보면 된다. 스페인에서는 바르셀로나를 주도로 둔 카탈루냐 지방에서 주로 만들어 마시며, 미로 Miró와 이자기레Yzaguirre와 같은 베르무트가 유명하다. 입맛을 돋우는 애피타이저 술로 식전에 올리브와 오렌지를 잘라 넣어 차갑게 마신다.

**   몬타디토는 핀초스와 비슷한 형식을 띤 한입 요리 혹은 핑거푸드다. 대개 주방이 따로 필요 없는 차가운 요리를 빵과 곁들여 먹을 수 있게 내놓는다.

세비야

우리 머릿속에 들어 있는 스페인에 대한 이미지의 반 이상은 안달루시아를 연상하는 것이라고 해도 지나치지 않다. 그만큼 독보적인 역사와 문화를 지닌 세비야는 스페인 역사를 말할 때 빼놓을 수 없는 중요한 도시다. 항해와 무역이 활발하게 이루어진 도시로 일찍이 음식 문화, 특히 선술집이 발달했다. 그러나 시간이 흘러 현재 세비야의 선술집은 타파스 전문 고급 식당의 형태로 변화하고 있다. 타파스는 간단한 요깃거리라 대개 작은 접시에 간단한 요리를 담아 제공되는데, 최근 방문한 세비야의 유명 타파스 맛집에서는 요리의 콘셉트와 이야기를 담아 근사하게 디자인한 독특한 접시를 사용하는 최고급 요리의 형태로 변화한 것이 인상 깊었다. 10여 년 전에는 골목이나 거리의 선술집 앞에 사람들이 삼삼오오 모여서 한 손에는 헤레스Jerez* 술잔을, 다른 손에는 작은 타파스를 들고 먹는 모습이 일반적이었다. 최근에는 야외 테

---

*   헤레스(셰리)는 스페인 안달루시아 헤레스데라프론테라Jerez de la Frontera 도시 근처의 지역에서 자란 포도 품종 팔로미노Palomino와 페드로 히메네스Pedro Ximénez로 만든 주정 강화 와인이다. 제조 과정 중 높은 도수의 브랜디를 섞어 독하게 만든다. 헤레스의 종류는 크게 피노Fino, 올로로소Oloroso, 아몬티야도Amontillado, 페드로 히메네스Pedero Ximénez가 있다. 피노는 올리브나 아몬드에 곁들여 식전주로 마셔도 좋고 짭짤한 하몬이나 초리소와 어울린다. 아몬티야도는 새우나 해산물 수프 같은 입맛을 돋우는 요리부터 닭 요리 같은 주요리와 곁들일 수 있고, 올로로소는 소고기 스테이크나 소꼬리 요리 등 맛과 향이 강한 육류와 어우러져 좋은 향과 맛을 낸다. 달콤한 페드로 히메네스는 초콜릿 아이스크림, 피칸 파이처럼 비교적 묵직한 풍미를 지닌 디저트들과 잘 어울린다.

라스나 실내에 앉아 식사할 수 있는 규모와 격식을 갖춘 식당으로 변화하고 있다. 타파스가 요리로 대접을 받고 있는 느낌이 강하게 들어서 타파스 사파리를 다니는 동안 기대가 한껏 높아졌다.

인파가 몰려 있어도 "미안합니다Perdón"를 반복하며 사람들 사이를 지나가다 보면 어느새 누구 할 것 없이 활짝 길을 터주는 정이 넘치는 안달루시아다. 복잡하고 떠들썩하지만 이곳에서는 누구도 먼저 음식을 시키려고 신경전을 벌이지 않는다. 기다림도 즐거움의 한 부분처럼 여기고 동행과 수다를 떨고 심지어 나 같은 낯선 이방인에게 먼저 말을 건넨다. 맛있는 타파스를 꼭 맛보길 원한다면 눈을 크게 뜨고 냄새에 집중해 주변 사람들이 주문하고 먹는 요리를 관심 있게 보고, 묻고, 즐기자!

북적이는 것이 싫다면, 식당 문을 여는 시각에 맞춰 첫 손님으로 가는 것을 추천한다. 나만의 타파스 지도를 만들어 남들보다 이른 시간에 타파스 사파리를 시작하자! 낯설고 흥분되고 설레는 행복한 맛이 기다리고 있으니 도전할 가치가 있는 신나는 모험이다! 타파스 식당은 반드시 여유를 가지고 예약하기를 권한다. 요즘은 거의 인터넷으로 예약이 가능하니 언어와 소통을 핑계로 주저하지 말기를. 부지런한 새가, 아니 부지런한 사람이 맛있는 음식을 편히 더 많이 즐길 수 있다!

엘 린콘시요 El Rinconcillo

C. Gerona, 40, Casco Antiguo, 41003 Sevilla

⌂ www.elrinconcillo.es ⓘ @rinconcillo_sev

엘 린콘시요는 세비야에서 가장 오래된 식당 중 한 곳으로 1670년 문을 연 이래 350년이 넘는 역사를 지닌 타파스 성지다. 헤레스 피노와 최고의 하몬을 곁들여 타파스 사파리를 시작하기에 최고의 장소다! 추천 메뉴는 병아리콩 시금치볶음(에스피나카스 콘 가르반소스Espinacas con garbanzos)과 안달루시아식 대구튀김(파비아스 데 바칼라오Pavias de bacalao)이다.

엘 린콘시요와 병아리콩 시금치볶음

에스라바_{Eslava}

C. Eslava, 3, Casco Antiguo, 41002 Sevilla

🏠 espacioeslava.com ⭕ @espacioeslava

에스라바는 세비야에서 사랑에 빠진 타파스 식당이다. 작지만 가족적인 공간에 활기가 넘친다. 싱싱한 달걀노른자, 버섯 소스와 기막힌 조합을 이루는 스펀지 케이크(예마 소브레 비스코초 데 볼레투스_{Yema sobre bizcocho de boletus})와 부드러운 오징어 먹물과 갑오징어, 김으로 맛을 내고 반죽으로 감싸 커다란 시가 모양으로 만든 운 시가로 파라 베케르_{Un cigarro para Bécquer}는 이 도시에서 맛봐야 할 최고의 타파스다. 물론 몇 년째 최고의 타파스로 상을 휩쓴 맛집이다.

스펀지 케이크와 시가 모양의 타파스, 에스라바

타파스와 핀초스

살 고르다Sal Gorda

C. Alcaicería de la Loza, 23, Casco Antiguo, 41004 Sevilla

🏠 gruposalgorda.com 📷 @sal_gorda

세비야에 뚱뚱한 소금이란 재미있는 이름을 지닌 살 고르다는 두 곳이 있다. 두 장소의 느낌은 매우 다른데 음식은 같다. 사랑스러운 분홍 돼지 모양으로 디자인한 접시에 나오는 하몬 감자 크로켓(크로케타스 고우르메 데 하몬 *Croquetas gourmet de Jamón*)은 겉이 바삭하고 속은 촉촉한 크로켓으로 그 맛이 환상적이다. 도넛 모양으로 만든 부드러운 소꼬리 요리는 깜짝 놀랄 만한 요리로 추천한다. 최근 남쪽 타파스의 변화와 발전을 맛볼 수 있는 식당이다.

하몬을 넣은 감자 크로켓과 소꼬리 요리

팔로 코르타오Palo Cortao

C. Mercedes de Velilla, 4, Casco Antiguo, 41004 Sevilla

🏠 palo-cortao.com ⓞ @palo_cortao

세비야의 정서를 고스란히 느낄 수 있는 팔로 코르타오에서 맛본 대구튀김(부뉴엘로스 데 바칼라오Buñuelos de bacalao)의 맛을 잊을 수가 없다. 잘게 찢은 대구를 동그란 모양으로 튀긴 요리로 전통 음식 조리법을 자신들의 방식으로 새롭게 해석하고 실험 정신을 가미해 만들었다. 전통 방식으로는 튀김옷이 두꺼운 데 반해 이들은 튀김옷이 거의 보이지 않을 정도로 매우 얇게 입혀 튀겨 겉은 바삭하고 속은 부드러운 식감이 정말 끝내준다.

대구튀김

보데가 도스 데 마요 Bodega Dos de Mayo

Plaza de la Gavidia, 6, Casco Antiguo, 41002 Sevilla

🏠 bodegadosdemayo.com 📷 @bodegadosdemayo

'음식은 전통이지!'라고 생각하는 당신이라면, 보데가 도스 데 마요를 추
천한다. 풍성하게 진열된 음식 재료가 당신의 눈과 마음을 사로잡고 설
레게 할 것이다. 아름다운 세월의 흐름이 고스란히 쌓인 매력적인 공간과 식당의
역사만큼 노련하고 활기찬 직원의 친절함도 기대할 만하다. 이 식당에서 꼭 눈여
겨보아야 할 것은 넓적한 질그릇에 올리브 오일과 바칼라오를 넣고 끓이면서 천
천히 흔들어 필필 소스를 만드는 장치. 여기서는 눈과 마음이 가는 대로 주문해
보자!

식당에서 자체 제작한 기구로 바칼라오 알 필필 소스를 만드는 모습

빌바오

  빌바오는 스페인 북부에 위치한 바스크 지방의 주요 도시로, 구겐하임 박물관으로 세상에 알려지기 시작했다. 문화와 음식은 마치 한 나무에서 나온 가지처럼 발전하는데 빌바오의 문화적 발전과 타파스의 획기적인 변화는 매번 이 도시를 방문할 때마다 나를 설레게 한다. 풍요로운 음식 재료부터 과감하고 실험적인 조리법과 요리를 선보이는 방식까지 어느 하나 부족한 점이 없다. 빌바오 특유의 밤거리는 현지인들의 활기찬 만남과 웃음소리로 가득 차 있어, 시간 가는 줄도 모르고 피곤함도 잊게 하는 힘이 있다. 독보적인 북쪽의 타파스 밤 문화는 신선한 경험을 가져다줄 것이다. 주말 밤에는 빌바오 어느 곳을 가든 타파스 가게가 있는 골목이 인산인해를 이룬다. 변변한 간판이 없는 허름한 선술집의 요리라고 무시할 수 없는 것이 한 입 무는 순간 감탄사가 터지기 때문이다. 시간이 갈수록 빌바오식 타파스는 변화무쌍하게 발전하고 있으며 혁신은 경이로울 정도다. 매번 빌바오를 방문할 때마다 기대가 높아진다. 나는 빌바오에서 멋진 한 끼를 먹기 위해 기꺼이 집에서부터 5시간 이상 운전할 의사가 있다. 타파스와 핀초스의 메카인 옛 구역 카스코 비에호Casco Viejo에서는 어디든지 '오! 여긴 맛집인걸!'이라는 생각이 들 것이다. 도시 빌바오는 새로운 미식 경험을 안겨 줄 것이다.

　　　　　　　　　　　　　　　　타파스와 핀초스

구레 도키Gure Toki

Pl. Nueva, 12, Ibaiondo, 48005 Bilbao, Biscay
www.guretoki.com @guretoki

구레 도키는 신선한 재료, 참신한 맛, 창의적인 조리법의 핀초스로 손꼽히는 식당이다. 빌바오에서 정말 맛있는 것을 먹고 싶은데 딱 한 곳만 갈 수 있다면 구레 도키를 추천한다. 메추리알, 버섯, 감자, 이디아사발idiazabal 치즈크림을 곁들인 우에보 모예트huevo mollet와 대구 살 핀초(핀초 데 코코차스 데 바칼라오pintxo de cocochas de bacalao), 싱싱한 굴 그리고 바스크 스타일 치즈 케이크를 추천한다.

구레 도키의 타파스

카페 바르 빌바오.Café Bar Bilbao

Pl. Nueva, 6, Ibaiondo, 48005 Bilbao, Biscay
🏠 bilbao-cafebar.com 📷 @cafebarbilbao

누에바 광장에서 대서양 바다처럼 푸른색으로 둘러싸인 외관과 아름다
운 타일 장식 덕분에 가장 눈에 띄는 카페 바르 빌바오는 1911년부터 맛
의 역사를 이어 왔다. 합리적인 가격(현재 28유로)에 12개의 핀초스를 바에서 보고
직접 골라 먹을 수 있는 메뉴가 있어 미식 여행의 시작점으로 최적의 장소다.

카페 바르 빌바오

엘 글로보 El Globo

Diputazio Kalea, 8, Abando, 48008 Bilbao, Bizkaia
🏠 barelglobo.es 📷 @elglobo.bilbao

엘 글로보의 게 그라탱(찬구로 그라티나도Txangurro gratinado)은 현대적으로 발전한 핀초스의 멋진 예다. 타파스나 핀초스 식당에는 그들만이 독보적인 스타 요리가 항상 존재한다. 엘 글로보는 2022년 크리미한 트러플 토르티야(토르티야 데 파타타 그라티나다 콘 토케 데 트루파Tortilla de patata gratinada con toque de trufa)가 빌바오 최고의 타파스로 선정되어 아침부터 문전성시를 이룬다. 다른 식당보다 일찍 문을 여는 데도 아침부터 사람들로 북적이는 걸 보면 유명 식당의 명성이 느껴진다.

트러플 토르티야

타파스와 핀초스

소르긴줄로 Sorgínzulo

Pl. Nueva, 12, Ibaiondo, 48005 Bilbao, Biscay
🏠 www.sorginzulo.com ⊙ @sorginzulo_bilbao

맛집 거리라는 말이 있듯, 빌바오 맛집 거리는 누에바 광장이다! 광장에 자리한 소르힌술로는 2018년부터 상을 휩쓸기 시작하면서 2024년 현재까지도 최고의 핀초스 식당으로 그 이름을 빛내고 있다. 대구 핀초스(핀초 데 필 필 델 바칼라오pincho de pil pil del bacalao)는 최고로 꼽히며, 대구를 넣고 만든 빵(판 소플라도 레예노 데 기소 데 바칼라오Pan soplado relleno de guiso de bacalao) 역시 상을 거머쥐며 핀초스 팬들의 마음을 사로잡고 있다. 심지어 감자 토르티야조차 격이 다르다! 지역 전통주 차콜리Txakoli*를 곁들이면 완벽한 바스크 지방 전통 식사를 즐길 수 있다.

무기 Mugi

Poza Lizentziatuaren Kalea, 55, Abando, 48013 Bilbao, Bizkaia
⊙ @el_mugi_bilbao

축구 경기장으로 유명한 산 마메스San Mamés 지역에 위치한 무기는 일부러 찾아가야 할 이유가 많은 타파스 식당이다. 우리 가족도 축구를 좋아하는 아이 덕분에 찾은 소중한 식당이다. 질 좋은 이베리아산 돼지고기 요리(세크레토 데 호셀리토Secreto de Joselito)와 껍질을 벗긴 바칼라오 타코(타코 데 바칼라오Tako de bakalao), 빵가루를 입혀 튀긴 안초아(콜도 레보사다스Koldo rebozadas)를 추천한다. 외국인보다 현지인이 많고 지역 맛집으로 확고히 자리매김한 곳이다!

---

* 차콜리는 바스크어로 Txakoli 혹은 공용어로 Chacolí라 표기하는데 바스크 지방의 전통 와인이다. 현지에서 생산되는 포도로 만들어지며 98%가 백포도주다. 9.5도~11.5도 정도의 낮은 알코올 함량을 지닌 차콜리는 12도 이상의 알코올 함량을 지닌 백포도주보다 산도가 높고 감귤류와 풀 향이 나는 것이 특징이다.

산 세바스티안

산 세바스티안 혹은 바스크어로 도노스티아Donostia는 핀초스가 탄생한 도시의 명성에 걸맞게 어마어마하고 다양한 종류의 핀초스를 맛볼 수 있다. 삼면이 바다로 둘러싸여 있고 너른 대지를 지닌 농업 국가 스페인의 음식이 건강식이며 맛도 있다고 알려지기 시작한 즈음부터, 산 세바스티안은 가장 짧은 기간 중 가장 많은 미슐랭 별을 받은 미식 도시로 엄청난 인기를 누리고 있다. 아주 오래전부터 산 세바스티안은 스페인 왕족의 여름 휴양지로 알려졌고, 귀족과 부호들이 휴양 도시로 선호하다 보니 고급 요리가 크게 발달했다. 역사적으로 높은 요리 수준과 평가가 현재의 명성에도 큰 작용을 하고 있다. 홍보가 필요 없을 정도로 산 세바스티안의 핀초스는 정평이 나 있어 사계절 내내 대부분의 식당과 골목마다 인산인해를 이룬다. 산 세바스티안의 핀초스 식당은 다른 도시에 비해 매우 낡고 오래된 인상을 준다. 음식을 담아 내는 접시나 방식, 인테리어는 가까운 빌바오나 타 도시에 비하면 별로 신경을 쓰지 않는 것 같다. 식당을 찾다 보면 알겠지만 변변한 웹사이트나 매체를 이용해 홍보하는 곳도 매우 드물다. 하지만 현지에서 식당마다 엄청나게 모여든 인파를 마주하면 오직 맛으로 승부하는 도시라는 것을 알게 된다. 바로 산 세바스티안이니까!

처음 발 디딜 틈도 없이 사람들로 북적대는 식당에 몸을 밀어

넣고 뭐를 먹을지 정확히 알지 못하면 조금 난감할 것이다. 여기가 스페인이 맞는지 생각이 들 정도로 주문을 빨리한 뒤 계산도 즉시 해야 하는데, 너무나 많은 사람이 한꺼번에 몰려들어 스페인어로 소통해도 당황스러울 지경이다. 종종 주문도 못 하고 쭈뼛대며 서 있는 외국인을 보고 있으면 내 속이 탈 지경이다. 그래서 내가 이 책을 쓰고 있는지도 모르겠다. 무엇을 먹어야 할지 세세히 알려 줄 테니 먹고 싶은 것을 고르면 된다.

핀초스의 장점이자 특징은 식당 유리 진열장 안에 케이크처럼 한눈에 보기 좋고 근사하게 놓여 있다는 것이다. 길게 혹은 계단식으로 층층이 진열된 핀초스를 눈으로 맛보는 것부터 시작하자! 맛있어 보이는 음식이나 좋아하는 음식 재료가 사용된 핀초스를 고르거나, 모험심이 조금 생긴다면 새로운 미식의 세계에 발을 들이는 용기도 내 보자.

물론 벽에 걸린 메뉴판에 있는 낯선 언어를 해독해서 뜨거운 핀초스나 즉석에서 조리해 주는 타파스를 시켜 먹을 수 있다면 더할 나위 없겠지만, 주변 사람이 많이 시켜 먹는 요리를 보고 따라 시키는 것도 요령이다. 식당마다 자신의 이름을 건 음식 하나는 꼭 있는 곳이 산 세바스티안이기 때문이다. 물론 이 책에서 추천하는 음식을 맛보는 것이 가장 쉬운 방법 중 하나다. 스페인 타파스 사파리의 묘미는 바로, 사냥을 떠나듯 곧 마주하게 될 미지의 그 무엇을 설레며 기다리고 탐색하는 것이다!

산 세바스티안에는 그룹을 지어 핀초스 식당을 방문하는 투어 프로그램(www.sansebastianpintxos.com 참고)도 있으니 만사가 귀찮고 도전하기를 주저하는 성격이라면 편히 핀초스 전문 가이드가 이끄는 식당을 돌며 음식의 향연에 빠져 보는 것도 꽤 괜찮은 경험이 될 것이다.

라 비냐La Viña

31 de Agosto Kalea, 3, 20003 Donostia, Gipuzkoa

🏠 lavinarestaurante.com

라 비냐는 시간이 흘러도 변치 않고 내가 가장 좋아하는 바스크식 타파스 식당이다. 우선 들어가 맛보는 일을 강력하게 추천하는 것 외에 말과 부연 설명이 필요 없는 식당이다. 버섯 스크램블(레부엘토 데 온고스Revuelto de hongos), 치즈를 곁들인 멸치(카누티요 데 케소 콘 안초아Canutillo de queso con anchoa), 바삭바삭한 새우(감바 크루히엔테Gamba crujiente), 바스크 스타일의 부드러운 치즈 케이크(타르타 데 케소Tarta de queso)는 꼭 맛보아야 한다. 잊지 말길, 치즈 케이크는 포장도 가능하다.

간바라Ganbara

C. de San Jerónimo, 21, 20003 Donostia-San Sebastian, Gipuzkoa

🏠 www.ganbarajatetxea.com 📷 @ganbara.oficial

2024년 미슐랭 가이드에 선정된 간바라의 문을 들어서는 순간 후각과 시각적으로 즐거운 향연이 시작된다. 당신을 미식의 세계로 초대한다. 간바라는 구시가지에서 가장 인기 있는 곳 중 하나로 꼽히며, 바스크 전통 요리법과 신선한 제철 음식 재료를 사용해 스페인 북쪽 요리를 탐미하기에 최적의 장소다. 미니어처 요리 같은 새로운 시도와 바스크 전통 요리를 동시에 맛볼 수 있고, 이들의 끊임없는 탐구와 열정으로 도시 최고의 핀초스 상Mejor Pintxo을 수상했다. 지역 특산물과 제철 재료가 들어가는 달걀 새우 버섯볶음(살테아도 데 세타스 콘 우에보 이 감바스Salteado de setas con huevo y gambas)과 산 세바스티안의 가장 유명한 요리 중 하나인 거미게 요리(찬구로 아 라 도노스티아라Txangurro a la donostiarra)를 맛볼 수 있는 장소다.

바르 스포츠 Bar Sports

Fermin Calbeton Kalea, 10, 20003 Donostia, Gipuzkoa
 www.facebook.com/BarSportDonostia @barsport_ss

맛의 역사를 품고 있는 구시가지(엘 바리오 델 안티구오 El barrio del Antiguo) 의 셀 수 없이 많은 식당 중 바르 스포츠를 절대 지나치면 안 된다. 그들 의 따뜻한 성게 크림(크레마 데 에리소 Crema de Erizo)과 구운 푸아그라(포이에 아 라 플 란차 Foie a la plancha)를 맛보는 것은 산 세바스티안 방문 중 꼭 해야 할 도전이다. 즉 석에서 만드는 뜨거운 핀초스는 물론 차가운 핀초스도 항상 최상의 품질을 유지 한다. 단골손님이 들어설 때마다 활기차게 이름을 부르며 인사하는 친절함도 엿 볼 수 있다. 이 식당의 문을 통과하는 모든 사람이 배려받는 기분을 느끼는 일은 정말 값진 경험이다.

성게 크림

바르 체페차Bar Txepetxa

Arrandegi Kalea, 5, 20003 Donostia, Gipuzkoa
⌂ bartxepetxa.es ⊙ @bartxepetxa

산 세바스티안에서 미식 관련 상은 거의 다 휩쓸었다고 해도 과언이 아닐 정도로, 수상 경력으로 체페차와 견줄 곳은 없다. 이들은 전설적인 안초아 하나로 현지인은 물론 관광객의 입맛을 사로잡고 있다. 50년 이상 유지하는 최고의 품질과 금고에 보관되어 있는 비밀의 마리네이드 레시피 덕분에 미식 명소로 꼽히고 있다. 거미게 크림을 곁들인 핀초스(핀초 데 안초아스 콘 크레마 데 센토요Pintxo de anchoas con crema de centollo)와 고추와 양파를 마리네이드한 하르디네라 Jardinera는 이 식당에서 꼭 먹어 봐야 하는 대표 요리다.

바르 네스토르Bar Néstor

Arrandegi Kalea, 11, 20003 Donostia, Gipuzkoa
🅕 www.facebook.com/BarNestorSS
⊙ @barnestor1980

둥근 케이크처럼 만든 감자 토르티야를 조각으로 잘라 파는 핀초 데 토르티야Pintxo de tortilla를 먹기 위해서는 예약을 해야 하는 곳이다. 이유는 낮 1시와 저녁 8시에 하나씩 딱 두 개 만들어 판매하는데 그 맛을 잊지 못하거나 그 맛을 알고 싶어 하는 이들로 예약 성시를 이루기 때문이다. 두어 가지 음식만 팔아서 메뉴판이 필요 없는 바르 네스토르는 질 좋은 고기에 고추를 넣고 볶은 요리만으로도 당신의 행복지수를 올려 줄 곳이다.

로그로뇨

로그로뇨Logroño는 스페인 북부 라 리오하La Rioja 지역의 다양한 역사를 지닌 주도다. 와인 생산지이자 미식 및 산티아고 데 콤포스텔라로의 순례길에서 중요한 위치로 항상 관광객과 와인 애호가들의 발길이 끊이지 않는 도시다. 로그로뇨 타파스 식당의 특이점은 유명 맛집들은 대개 한 가지 음식만을 파는 곳이 많다는 점이다. 양송이버섯 요리, 파타타스 브라바스, 작은 보카디요 등 한 음식만으로 큰 성공을 이룬 것이 의아하게 생각되겠지만 일단 먹어 보면 바로 이해하게 된다. 로그로뇨에서 먹은 뜨겁고 강렬하고 맛있던 양송이버섯 요리는 내 평생 가장 맛있는 버섯 요리였다! 좁은 길에 맛집이 촘촘하게 들어차 있고 사람들도 몰려 있어 선택의 기로에서 즐거운 비명을 지르게 될 수도 있다. 지방 전통 음식을 하는 식당도 꼭 가 봐야 한다. 싱싱한 매운 고추와 콩 요리는 환상적인 맛의 경험을 선사할 것이다. 더불어 스페인 와인 천국의 수도인 이 도시에서 리오하산 와인을 제대로 맛보려면 몇 끼는 족히 먹어야 하며 기대할 만하다!

라 타베르나 데 바코 La Taberna de Baco

C/ San Agustín, 10, 26001 Logroño, La Rioja

🏠 www.callelaurel.org/establecimiento/la-taberna-de-baco

빵가루 요리 미가스Migas나 돼지 귀 요리(오레하 플란차Oreja Plancha)처럼 지방색이 강한 요리와 리오하식 콩 요리(포차스 아 라 리오하나Pochas a la Riojana)나 매운 고추를 송송 썰어 넣은 토마토 샐러드(엔살라다 데 토마테 이 긴디야 ensalada de tomate y guindilla) 등 너무나 평범하고 단순해 보이는데 맛은 잊히지 않은 리오하 전통 요리를 맛볼 수 있는 맛집 중의 맛집이다.

돼지 귀 요리와 리오하식 콩 요리

소리아노 Soriano

Travesía del Laurel 2, 26001 Logroño, La Rioja
www.callelaurel.org/establecimiento/soriano @bar_soriano

내가 세상에서 맛본 가장 맛있는 양송이버섯(참피뇬Champiñón)을 요리하는 집이다. 앞에서 이미 언급했지만 나는 버섯을 좋아해서 버섯 요리에 대한 기대치가 높다. 소리아노는 양송이버섯구이만 50년 넘게 조리했으니 그 맛과 예술적 경지는 말할 필요조차 없다. 입구에서부터 수많은 사람에게 기가 질릴지도 모르지만 흐름을 타고 들어가다 보면 생각보다 빨리 당신의 차례가 온다. 기대하시라!

양송이버섯구이

타파스와 핀초스

후베라 Jubera

Calle del Laurel, 18, 26001 Logroño, La Rioja
www.callelaurel.org/establecimiento/jubera

감자튀김을 좋아하는 사람이라면, 혹시 아니라고 해도 깍둑썰기한 감자를 바삭하고 부드럽게 튀겨 매콤한 소스를 잔뜩 올린 파타타스 브라바스를 먹지 않고는 로그로뇨의 라우렐 거리를 떠나서는 안 된다. 이전에 먹었던 감자튀김의 맛을 잊을 만한 감자튀김의 세상을 열어 줄 것이기 때문이다.

감자튀김

바르 로렌소 아구스 티오Bar Lorenzo Agus Tio

Travesía del Laurel 4, 26001 Logroño, La Rioja
🏠 tioagus.es

꼬치구이와 보카디요로 유명한 식당이다. 치스토라Chistorra, 살치촌 Salchichón, 모루노Moruno 등 지역색이 강한 스페인식 소시지뿐만 아니라 역사가 담긴 요리도 맛볼 수 있다. 모루노는 스페인을 오랫동안 점령했던 아랍인들의 조리법에서 온 음식이지만 이제는 스페인 전통 요리 중 하나다. 아구스 티오는 가볍게 한 끼를 해결하기에 좋고 어른, 아이 할 것 없이 현지인의 오후 간식으로 인기 있는 소시지와 고기 꼬치를 파는 전문점이다.

블랑코 이 네그로Blanco Y Negro

Travesía del Laurel 1, 26001 Logroño, La Rioja
🏠 www.callelaurel.org/establecimiento/blanco-y-negro

보카디타스Bocaditas라는 스페인식 샌드위치 전문점이다. 스페인 사람들은 아침과 간식으로 보카디요를 즐겨 먹는데 보카디타스는 일반적인 것보다 크기가 작은 샌드위치를 이르는 말이다. 물론 다양한 크기가 준비되어 있어 식사용으로 고를 수도 있다. 신선한 치즈와 안초아(케소 프레스코 콘 안초아Queso fresco con anchoa), 안초아와 고추(마트리모니오 안초아 바리아다스 콘 피미엔토 베르데 Matrimonio anchoa variadas con pimiento verde), 대구 가르파초와 구운 고추(카르파초 데 바칼라오 콘 피미엔토 베르데Carpaccio de bacalao con pimiento verde)는 물론 스페인식 소시지를 곁들인 다양한 보카디요를 즐길 수 있는 최고의 장소다.

마드리드

마드리드는 무엇보다 타베르나Taberna라고 불리는 선술집을 언급하지 않을 수가 없다. 수많은 애피타이저, 올리브, 멸치절임, 감자튀김과 베르무트의 도시다. 스페인 수도답게 바나 선술집에서 전국의 타파스를 먹을 수 있다. 여러 맛집이 몰려 있어 내륙에 위치한 수도지만 지중해와 대서양의 싱싱한 해산물을 먹을 수 있으며, 이베리아반도 최고의 하몬과 엠부티도, 치즈를 먹을 수 있다. 말 그대로 마드리드에서는 무엇이든 먹을 수 있다. 다만 애석하게도 마드리드에서 만들었다는 매운 브라바스 소스와 감자튀김 말고 알려진 마드리드 요리는 없다. 그래도 괜찮다. 스페인 전역을 돌지 않고, 돈키호테처럼 길을 잃지 않고 전국의 맛있는 음식을 마드리드에서는 먹을 수 있으니까. 특히 스페인 최고의 요리사들이 마드리드에서 다양한 방식으로 음식 문화의 유행을 주도해 가고 있다.

무엇보다 마드리드에는 세월의 흔적을 고스란히 품은 백 년 넘은 식당과 선술집이 많다. 마드리드 사람들은 바에서 한잔 마시는 일로 만남을 시작해서 식당에서 식사를 마치면 다시 바에 간다. 혹은 바와 선술집, 바로 이어지기도 한다. 그래서 간단히 타파스로 요기할 수 있는 바와 선술집 문화가 자연스럽게 발달하고 있다.

다른 도시와 비교할 수 없을 정도로 뛰어나게 좋은 점 중 하나는 근사하고 독보적인 칵테일 바가 많다는 것이다. 최근 세계 최고의 바 랭킹에 오르며 마드리드 현지인은 물론 관광객에게 뜨거운 사랑을 받고 있는 살몬 구루Salmon Guru는 술잔 디자인 및 프레젠테이션, 술맛 등에서 무엇 하나 빠지지 않는 곳이며 1862 드라이 바르1862 Dry Bar는 아름답고 우아한 공간에서 여유롭게 즐길 수 있는 명소로 유명하다.

마드리 마드레Madrí Madre

C. de Ferraz, 8, Moncloa-Aravaca, 28008 Madrid

⌂ www.madrimadre.com

스페인 최고의 요리사이자 현재까지 총 열두 개의 미슐랭 별을 받은 마르틴 베라사테기Martín Berasategui가 2023년 마드리드 에스파냐 광장 근처에서 선술집을 리모델링한 마드리 마드레를 통해 미식의 세계를 펼치고 있다. 단시간에 도시의 명소로 자리한 이곳에서는 산 세바스티안의 전통 타파스와 창의적인 요리를 동시에 맛볼 수 있다. 구운 고추 샐러드(엔살라다 데 피미엔토스 아사도스Ensalada de pimientos asados), 참치 뱃살과 달걀 요리(벤트레스카 데 아툰 이 우에보 두로Ventresca de atún y huevo duro) 등을 추천하는데, 가능한 여러 명이 가서 다양한 요리를 시켜 나누어 맛보는 것이 최선의 선택일 것이다.

에르마노스 비나그레Hermanos Vinagre

C. del Cardenal Cisneros, 26, Chamberí, 28010 Madrid

⌂ hermanosvinagre.com ⓞ @hermanosvinagre_

'비나그레 형제'라는 재미있는 이름의 식당처럼 비나그레, 즉 식초를 이용해 보존 식품과 피클을 만든 요리를 주 종목으로 제공한다. 바 뒤편에는 북쪽 갈리시아산 홍합을 훈제해서 만든 메히요네스 엔 에스카베체 아후마도 Mejillones en escabeche ahumado와 멸치, 올리브, 피파라스를 곁들인 산 세바스티안 명물 길다스, 다양한 반데리야스, 참다랑어나 대구 같은 해산물을 이들만의 방식으로 조리한 요리들이 진열되어 있다. 후추와 치즈를 곁들인 쇠고기 샌드위치(페피토 데 테르네라 콘 피미엔토 이 케소pepito de ternera con pimiento y queso)도 맛있다. 질 좋은 식초를 사용한 전통 요리와 보존 식품을 고수하는 이 식당은 여러 가지 의미로 매우 소중한 곳이다.

카사 알베르토Casa Alberto

C. de las Huertas, 18, Centro, 28012 Madrid

⌂www.casaalberto.es ⓞ@casa_alberto_1827

1827년에 문을 열었으니 곧 200년이 되어 가는 바 겸 레스토랑 카사 알
베르토에서는 타파스, 해산물 및 고기 요리와 직접 만든 베르무트가 유
명하다. 마드리드에서는 타베르나라고 불리는 선술집의 근 2세기간 흔적을 엿볼
수 있는 식당으로 건축물과 인테리어도 볼 만한 명소다. 검은 칠에 금색 문자로 쓴
간판, 조각된 나무 장식, 가구, 주석으로 만들어진 싱크대와 수도꼭지, 철 기둥, 유
로를 인식하지 못하는 골동품 금전 등록기 등 흡사 박물관을 연상케 하는 멋이 있
다. 이 식당의 진짜 맛을 알려면 마드리드식 달팽이 요리 카라콜레스 아 라 마드릴
레냐Caracoles a la Madrileña, 돼지곱창 카요스Callos 같은 전통 타파스를 주문하기!

달팽이 요리

타베르나 알멘드로 13Taberna Almendro 13

C. del Almendro 13, Centro, 28005 Madrid
⌂ www.almendro13.com

음식은 맛으로도 먹지만 처음 먹어 본 음식에 대한 강한 기억을 잊지 못
해 좋아하기도 한다. 개인적으로 타베르나 알멘드로 13은 이런 맛난 경험
을 한 곳이다. 둥글게 썰어 바삭하게 튀긴 감자와 달걀 위에 하몬 조각을 얹은 것을
즉석에서 으깨고 섞어 먹는 요리 우에보스 로토스Huevos rotos와 가운데 구멍이 난
둥근 빵에 엠부티도나 고기 등을 넣고 구운 로스카스Roscas를 파는 선술집이다. 처
음 마드리드에 친구들과 갔을 때 정말 맛있게 먹은 기억이 남은 곳으로 내게는 여
전히 최고의 선술집이자 식당이다. 실내의 모자이크 장식이 아름답고 북적이는 수
도 마드리드의 분위기를 한껏 느낄 수 있는 곳이다.

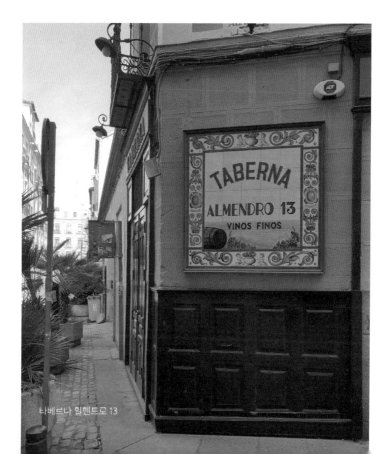

타베르나 일멘드로 13

카사 모르테로_{Casa Mortero}

C. de Zorrilla, 9, Centro, 28014 Madrid
⌂ casamortero.com ⓘ @casamortero

카사 모르테로는 2023 미슐랭 가이드에 선정된 식당으로 모던한 타파스 식당이다. 이 식당에서 가장 유명한 것은 토레스노스_{Torreznos}라고 하는 삼겹살 부위를 두툼하게 썬 것을 아주 바삭하게 튀긴 카스티야 이 레온_{Castilla y León}과 아빌라_{Ávila} 지방의 전통 음식이다. 남쪽 스타일의 차가운 수프 살모레호_{Salmorejo}나 북쪽 스타일의 치즈 케이크도 추천한다. 스페인 전역을 아우르는 요리들이 준비되어 있다. 타파스를 잘 몰라도 직원들이 서로 잘 어울리거나 곁들여 먹기 좋은 요리를 친절하게 추천해 줄 것이니 맛있게 즐길 준비만 하면 되는 곳이다.

발렌시아

오렌지와 파에야 요리로 유명한 발렌시아는 행정 구역의 이름이며 동시에 도시 이름이기도 하다. 오렌지밭이 끝임없이 펼쳐진 풍경을 가로지르며 발렌시아에 갈 적마다 빛과 공기가 참 투명하다는 느낌을 받는다. 반짝이는 무언가를 품고 있는 이 도시를 사랑할 수밖에 없는 데는 여러 가지 이유가 있다. 물론 첫 번째 이유는 음식과 요리에 대한 나의 편집증적인 애정이 이곳에도 깃들었기 때문이다.

발렌시아가 다른 도시의 음식 문화와 크게 다른 점은 오래전부터 이어지는 아침 식사 문화다. 아침 식사라 하기에는 너무나 푸짐하고 큰 보카디요를 먹는다. 어떤 식당은 긴 바게트 하나를 통째로 속을 채운 보카디요를 팔기도 한다. 이렇게 발렌시아식 보카디요는 최근 10여 년 동안 다양한 조리법을 선보이며 굉장히 빠르게 발달하고 있다. 주말 아침이면 어른, 아이 할 것 없이 많은 사람이 노천카페에 앉아 굉장히 알차고 든든한 보타디요와 타파스를 먹는다.

이렇게 엄청난 아침 식사 문화는 힘든 농사일을 마치고 인근 바와 식당에서 아침 겸 점심을 먹는 농부들의 식사에서 시작되었다. 오래전에는 집에서 보카디요를 준비해 식당에 가져갈 수 있었고, 음료와 곁들이 음식인 지역산 토종 땅콩(카카우 델 코야레트Cacau del collaret), 피클, 올리브, 토마토, 양파를 듬뿍 곁들인 샐러드 같은 것의 비용만 지불했다. 이런 식습관이 현재 발렌시아의 유명한 보카디요 문화를 만들어 낸 것이다. '카카우 도르Cacau d'Or(황금 땅콩)' 상도 이런 전통에서 아이디어를 가져온 특별하고 기발한 아침 식사 요리 대회다.

2~3시에 점심으로 쌀 요리 파에야를 가족 혹은 친구들과 삼삼오오 모여 나누어 먹는데, 특이한 점은 스페인 사람들은 절대로 쌀 요리를 저녁 식사로 먹지 않는다는 것이다. 습관이라는 것이 무서운 것이 밤에 쌀을 먹으면 소화가 안 된다고 빵을 먹는다. 이 책은 타파스와 핀초스에 관한 책이지만 요즘은 타파스와 파에야를 한 식당에서 먹을 수 있으니 파에야를 파는 발렌시아의 식당을 언급하지 않을 수가 없다. 북적이고 웅성이고 시끌벅적하지만 왠지 투명하고 맑은 기운이 가득한 도시 발렌시아에 갈 여러 가지 이유를 찾아보자.

타파스와 핀초스

센트랄 바르Central Bar

Mercat Central de Valencia, Pl. de la Ciutat de Bruges, s/n,
Ciutat Vella, 46002 Valencia, Valencia
⌂ centralbar.es ⃝ @centralbarvlc

역시 시장 식당은 옳다! 싱싱한 제철 재료를 확실하게 즐길 수 있는 곳이다. 대구튀김(부뉴엘로스 데 바칼라오Buñuelos de bacalao), 오징어구이(칼라마르 데 플라야 아 라 플란차Calamar de playa a la plancha)와 돼지고기, 치즈, 볶은 양파에 머스터드를 넣은 샌드위치(리카르도 카마레나Ricardo Camarena), 갑오징어와 알리오리 소스로 만든 마리Mary를 추천한다. 아침과 점심 사이에 가면 앉은 확률이 높아지지만 가능한 예약하기를.

카사 몬타냐Casa Montaña

C/ de Josep Benlliure, 69, Poblats Marítims, 46011 València, Valencia
⌂ www.emilianobodega.com ⃝ @bodegacasamontana

1836년에 설립돼 오랜 멋과 역사의 흔적이 고스란히 담긴 선술집으로 타파스와 구비해 놓은 2만 병의 와인을 맛볼 수 있는 최고의 식당이다. 카사 몬타냐에는 여러 종류의 메뉴가 있어 선택의 어려움을 겪는 일을 덜 수 있는 장점이 있다. 이 식당에서는 최고급의 참치와 대구 요리를 맛볼 수 있고, 동시에 싱싱한 멸치구이의 매력에 빠질 수 있다. 전문가가 구비되어 있는 술과 어울리는 메뉴를 추천한다. 채식주의자를 위한 메뉴도 따로 있다. 전문가의 손에 모든 것을 맡기고 여유롭게 식사를 즐겨 보자!

타파스와 핀초스

카사 발도 1915 Casa Baldo 1915

Calle Ribera, 5, Ciutat Vella, 46002 València, Valencia

⌂ grupogastrotrinquet.com/restaurantes/casa-baldo ⊙ @casabaldo1915

시청 광장에서 가까운 곳에 있어 접근성이 좋다. 카사 발도 1915는 점심 및 저녁 식사 외에도 2022년 말에 새롭게 단장을 마치고 문을 연 이후 발렌시아식 아침 식사를 판매하고 있다. 같은 해 최고의 보카디요를 선정하는 '카 카우 도르' 수상을 기념하여 만든 송아지 볼살, 베이컨조림, 바삭한 양파, 다진 땅 콩에 카스테욘 염소 치즈 소스를 곁들인 렌트레파 카카우 도르 L'Entrepà Cacau d'Or 를 주문해 보자. 파에야도 맛있다.

카사 발도 1915

바르 카사야 Bar Cassalla

C. del Bon Orde, 19, Extramurs, 46008 València, Valencia

🏠 barcassalla.es 📷 @barcassallavalencia

식당 이름인 카사야(스페인 공용어로 Cazalla)는 세비야의 한 마을에서 유래해 현재 발렌시아에서 흔히 마시는 술이다. 아늑하고 모던한 공간과 친절한 직원이 인상 깊은 이 식당은 주차 공간을 찾다가 우연히 발견해 나의 맛집으로 등극했다. 일반적인 파타스보다 놀라운 재료를 맛나게 조리한 타파스가 인상적이다. 아침 식사를 하기에도 안성맞춤이다. 바삭한 돼지고기 요리(티라스 크루엔테스 데 카레타 데 세르도Tiras crujientes de careta de cerdo), 마늘 기름과 소시지 롱가니즈가 들어간 토르티야 샌드위치(보카디요 데 토르티야, 아호아세이테 이 롱가니즈 Bocadillo de tortilla, ajoaceite y longaniz)와 숯불에 구운 고기 등 보이는 대로 먹고 싶은 식욕을 자극하는 곳이다.

오징어와 알본디가 요리, 맥주

아로세리아 마리벨 Arrocería Maribel

Carrer de Francisco Monleón, 5, Poblados del Sur, 46012 El Palmar, Valencia
🏠 www.arroceriamaribel.com 📷 @arroceria_maribel

최고의 파에야를 맛보고 싶다면 시외에 있지만 아로세리아 마리벨에 꼭 방문해야 한다. 2024년 당당히 미슐랭 가이드에 이름을 올린 곳이다. 식재료를 근방에서 공수해 사용하는 Km 0* 식당이다 보니 신선한 것은 말할 것도 없고 마늘을 넣고 튀긴 장어(안길라 프리타 콘 아호스 이 파타타스 Anguila frita con ajos y patatas)와 닭고기와 토끼 고기를 넣어 만든 발렌시아식 파에야(파에야 발렌시아나 데 포요 이 코네호 Paella valenciana de pollo y conejo)와 원조 파에야 마리벨 Paella MariBel은 다른 곳에서는 맛볼 수 없는 귀한 요리이니 꼭 맛보기를 강력하게 추천한다!

---

*   유럽에서는 근거리나 같은 지역에서 재배되거나 생산되는 식재료를 사용한 식당을 'Km 0'로 표기할 수 있다. 모토인 '텃밭에서 접시까지(desde la huerta hasta el plato)'라는 문장에서 느껴지듯 최소한의 이동을 한 지역 식재료를 사용하자는 운동이다.

타파스와 핀초스

1판 1쇄 인쇄 2024년 11월 22일
1판 1쇄 발행 2024년 11월 29일

지은이·그린이 유혜영
펴낸이 이영혜
펴낸곳 ㈜디자인하우스

책임편집 김선영
디자인 프롬디자인
교정교열 이진아
홍보마케팅 윤지호
영업 문상식 소은주
제작 정현석, 민나영
콘텐츠자문 김은령
라이프스타일부문장 이영임

출판등록 1977년 8월 19일 제2-208호
주소 서울시 중구 동호로 272
대표전화 02-2275-6151
영업부직통 02-2263-6900
대표메일 dhbooks@design.co.kr
인스타그램 instagram.com/dh_book
홈페이지 designhouse.co.kr

ⓒ 유혜영, 2024
ISBN 978-89-7041-798-1 13590

디자인하우스는 독자 여러분의 소중한 아이디어와 원고 투고를 기다리고 있습니다.
원고가 있으신 분은 dhbooks@design.co.kr로 개요와 기획 의도, 연락처 등을 보내 주세요.